Repetitorium der Entwicklungsgeschichte

Dr. W. Tackmann

Erstauflage 1968.
1991 Robert Tackmann Verlag, Berlin.
ISBN 3-932723-03-1

Inhaltsverzeichnis

Einleitung

Einige Begriffe aus der Entwicklungsgeschichte:

Embryologie	= Lehre von der Entwicklung eines Individuum von der Eizelle bis zur Geburt.
Ontogenese	= die Individualentwicklung des Menschen.
Phylogenese	= Stammesentwicklung, d.h. die Lehre von der Herkunft der Tierstämme und des Menschen (Stammbaum)
Evolution	= Entfaltung der in der befruchteten Eizelle vorhandenen Anlagen.

Alle Individuen der höheren Tiere und der Mensch entstehen auf dem Wege der vielfachen Teilung einer befruchteten Geschlechtszelle. Aussehen und Eigenschaften des neuen Individuum werden weitgehend von den Erbanlagen in den Zellkernen gesteuert.

Sitz der Erbanlagen sind die CHROMOSOMEN, deren Form im Einzelnen nur während der Zellteilungen zu erkennen ist.

Die Chromosomen

Die Chromosomen sind längliche oder V-förmige Gebilde und bestehen aus (Abb. 1):

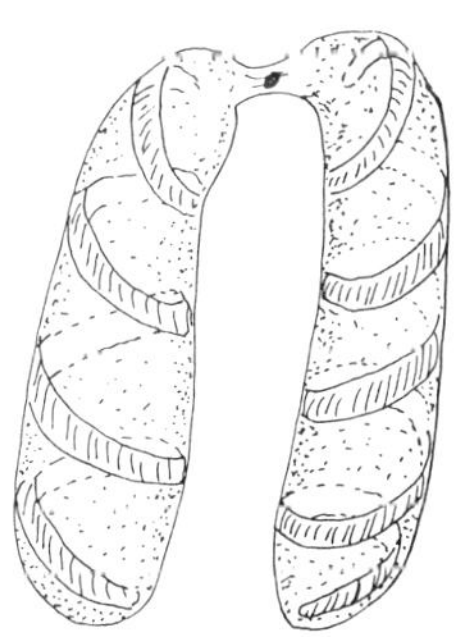

Abb. 1: Schema eines Chromosoms.

1. einer hellen Hüllsubstanz (Matrix).
2. einem Bündel spiralig aufgewickelter Fäden = CHROMONEMATA. Jedes Chromonema ist wiederum ein spiralisierter Faden, auf dem engspiralisierte Stellen = CHROMOMEREN mit weniger spiralisierten wechseln (früher hielt man die Chromomeren für besondere Körnchen und sprach sie als Sitz der Erbanlagen = GENE an). Kleinster Baustein des vielfachen Spiralensystems sind die Desoxyribosenukleoproteide; sie müssen heute als eigentliche Gene angesprochen werden.
3. einem ZENTROMER (Kinetochor). Das ist eine Einschnürung der Chromosomen, an der während der Zellteilung die Spindelfasern ansetzen (weitere Einzelheiten in AUXILIUM-Histologie 1.Teil).

Der Mensch besitzt insgesamt 46 Chromosomen. 44 davon sind paarweise vorhanden, d.h. 22 mal 2 gleichartige Chromosomen. Die jeweils gleichen Chromosomen heißen HOMOLOGE Chromosomen. Alle 22 Paare homologer Chromosomen zusammen heißen AUTOSOMEN. Ihnen stehen die restlichen 2 Chromosomen = GESCHLECHTS- oder Heterochromosomen oder Gonosomen gegenüber. Sie werden als X- oder Y-Chromosomen gesondert bezeichnet und vererben die Geschlechtszugehörigkeit.

Ein Mann besitzt die Heterochromosomen **XY**, eine Frau **XX**.

Merke: Alle Körperzellen, mit Ausnahme der Keimzellen, haben folgenden Chromosomenbestand:

a) beim Mann:
22 mal 2 Autosomen + 1 mal **X** + 1 mal **Y**

b) bei der Frau:
22 mal 2 Autosomen + 2 mal **X**

Solche Sätze heißen DIPLOIDE SÄTZE (doppelte Sätze). Es gibt auch HAPLOIDE SÄTZE (einfache), z.B.:

22 mal 1 Autosom + 1 mal 1 Heterochromosom.

Die haploiden Sätze spielen bei den Keimzellen eine sehr wichtige Rolle.

Die Zellteilungen

Eine Vermehrung von Zellen, und damit Wachstum eines jungen Individuums ist nur durch Zellteilungen aus einer Mutterzelle möglich:

Omnis cellula e cellula (Virchow).

Zwei Wege sind zur Zellvermehrung bekannt:

a) die direkte Zellteilung = Amitose

b) die indirekte Zellteilung = Mitose.

Die Amitose

Bei der Amitose beginnt sich der Zellkern sanduhrförmig auszuziehen und schnürt sich schließlich durch (amitotische Kernteilung). Es entsteht eine 2- bis mehrkernige Zelle. Die Durchschnürung des Zelleibes (amitotische Zellteilung) ist sehr selten und kommt nur bei Tieren vor !

Beachte: Bei dieser Art der Kernteilung entstehen vielkernige Zellen ! Man findet diese Art der Kernsubstanzvermehrung in der Leber und in den sog. Plasmodien = vielkernige Zellen wie Osteoklasten, Muskelzellen, Plazentaplasmoditrophoblast, Fremdkörperresorptionszellen).

Anhang Auf keinen Fall darf man mit der Amitose die Endomitose verwechseln: sie heißt auch „innere Mitose", weil hierbei lediglich die Zahl der Chromosomen innerhalb eines Zellkernes vervielfacht wird. Als Endergebnis finden sich dann besonders große Zellkerne = polyploide Kerne mit mehreren Chromosomensätzen (doppelte, dreifache oder mehrfache Sätze). Die Teilung des Zelleibes unterbleibt auch hier ! Vorkommen in der Leber und fast allen stark beanspruchten Organen.

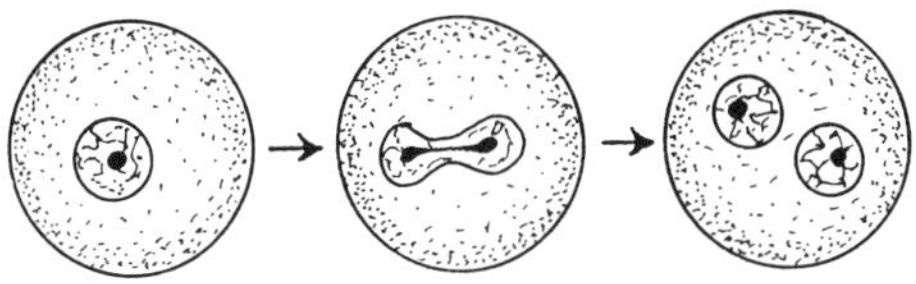

Abb. 2: Amitotische Kernteilung

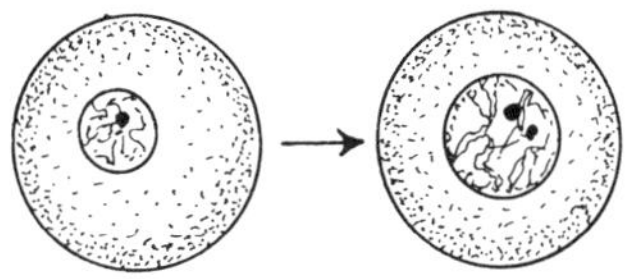

Abb. 3 Endomitose.

Die Mitose

Wichtigstes Merkmal: Zell- und Kernteilung, wobei die neuen Tochterkerne untereinander erbgleich sind.

Verlauf:

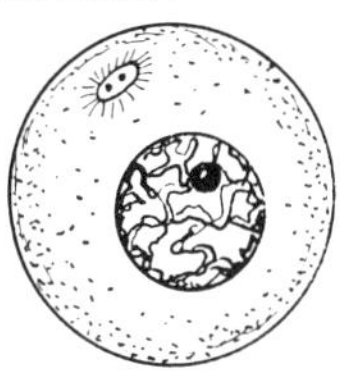

Abb. 4.

In der normalen Zelle sieht man im fixierten Präparat den sog. Arbeits- oder Interphasenkern (Abb. 4; früher fälschlich als Ruhekern bezeichnet). Er besteht aus färbbaren Anteilen (Chromatin) und einem nicht färbbaren Anteil (achromatisches Kerngerüst). Während der Zellteilung stellen sich an diesem Kernbild erhebliche Veränderungen ein:

1. Prophase

In der Prophase wird die Kernmembran aufgelöst. Das Chromatingerüst ist zunächst noch ein scheinbar aufgeknäuelter Faden = SPIREM, der aber schließlich in die einzelnen Chromosomen zerfällt (Abb. 5). Das Zentriol teilt sich. Die beiden neuen Zentriolen wandern an zwei entgegengesetzte Zellpole. Von ihnen ziehen zu den Chromosomen besondere Cytoplasmafäden = Spindelfasern.

Abb. 5.

2. Metaphase

Die Chromosomen ordnen sich alle sternförmig in der sog. Äquatorialebene in der Zellmitte an (Abb. 6). Diese sternförmige Teilungsfigur heißt MONASTER (auch Mutterstern). Jedes Chromosom verdoppelt sich durch Längsspaltung.

Abb. 6.

3. Anaphase

Die Chromosomen rücken durch die Spindelfäden gezogen auseinander. Dabei erhält jede Seite die genau gleiche Chromosomenmenge und -art. (Erbgleichheit!). Das ist nur möglich, weil in der Metaphase die Chromosomen verdoppelt wurden. Vorübergehend sieht man in der Anaphase zwei sternförmige Teilungsfiguren = Diaster (Tochtersterne, Abb. 7).

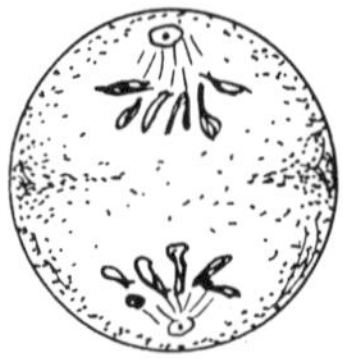

Abb. 7.

4. Telophase

Die beiden Tochtersterne werden wieder zu zwei Knäueln (= DISPIREM). Jedes Knäuel erhält eine neue Kernmembran und ist damit zu einem neuen Zellkern geworden.

Auch der Zelleib schnürt sich im Bereich der ursprünglichen Äquatorialebene durch. Es sind nun zwei neue, erbgleiche Tochterzellen entstanden (Abb. 8).

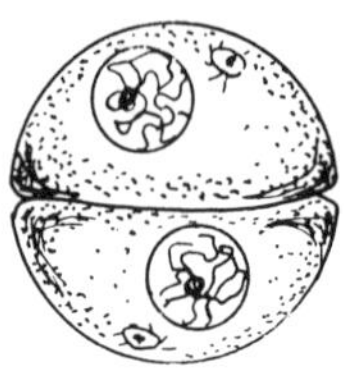

Abb. 8.

5. Rekonstruktionsphase

Wiederherstellung der normalen Zell- und Kernform. Aufnahme der normalen Funktionen.

Merke:

Prophase = Spirem

Metaphase = Monaster

Anaphase = Diaster

Telophase = Dispirem + Cytoplasmateilung

Rekonstruktionsphase = Bildung der normalen Zellstruktur.

Die Geschlechtszellen

Die männlichen Geschlechtszellen

Die reife Samenzelle

Stecknadelförmiges Aussehen; Gesamtlänge 50 - 65 μ. Man nennt sie SPERMIUM oder SPERMATOZOON. Die ersten Entdecker hielten die Samenzellen für kleine Tierchen = animalcula. Später erkannte man sie als eine besondere Zellform. Die Abb. 9 zeigt die drei Hauptabschnitte nach lichtoptischen und elektronenoptischen Befunden:

Kopf - Hals - Mittelstück - Schwanz

A. Der Kopf:

Im Lichtmikroskop oval. Elektronenmikroskopisch als umgeformter Zellkern bestätigt. H a p l o i d ! Sein oberer Anteil wird von einem kappenartigen Überzug = A k r o s o m überzogen; es ist aus einem Anteil des GOLGI-Apparates entstanden und soll dem Spermium das Eindringen in die Eizelle erleichtern.

B. Der Hals:

Er ist durch die KOPFSCHEIBE mit dem Kopf verbunden und enthält das vordere Centriol (oder Zentrosom). An dieser Stelle kann der Kopf zum übrigen Spermiumteil abgeknickt werden.

C. Das Mittelstück:

Früher VERBINDUNGSSTÜCK genannt. Durch eine Querscheibe vom

Hals getrennt. Elektronenoptisch liegen hier die Mitochondrien zu einem Spiralfaden aufgewickelt. zum Schwanz hin liegt ein Schlußring (aus dem hinteren Centriol entstanden). Das Mittelstück ist das energieliefernde Zentrum für die Spermienbewegung (kinetisches Zentrum). - Hier beginnt der sog. ACHSENFADEN, der bis zur Schwanzspitze reicht. Er besteht aus 2 Zentralfibrillen und darum 9 Doppelfibrillen und ist somit wie alle Geißeln aufgebaut (siehe hierzu Histologie I)

D. Der Schwanz:

Der Schwanz besteht aus einem Hauptstück (Achsenfaden mit Cytoplasmasaum) und Endstück (= Endspieß, nur Achsenfaden).

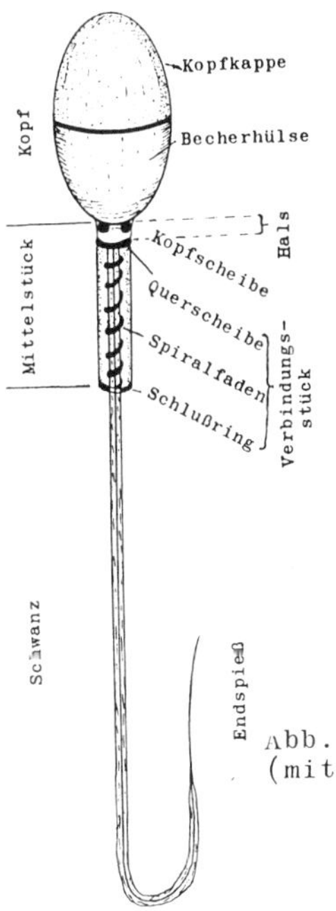

Abb.9 a: Spermium im Lichtmikroskop (mit den älteren Bezeichnungen)

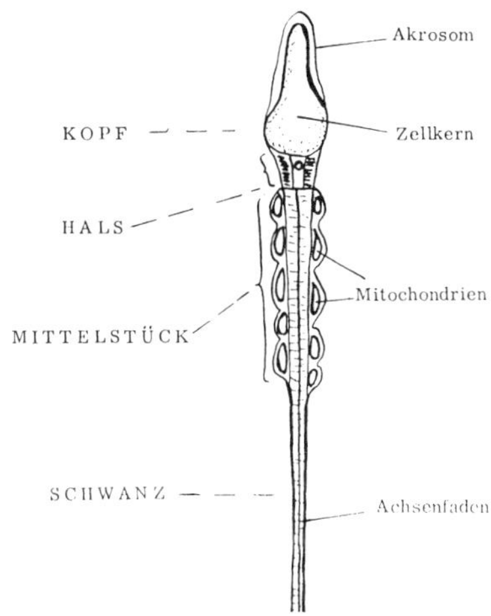

Abb. 9 b: Spermium im Elektronenmikroskop

Unter Einwirkung von Giften (Alkohol, Morphium, Coffein), aber auch im normalen Sperma, finden sich mißgestaltete Spermien (2 oder 3 Köpfe, abweichende Form, ohne Kopf), die aber anscheinend nicht zur Befruchtung befähigt sind.

Die Zahl der Spermien ist für die Möglichkeit der Befruchtung sehr bedeutsam:

60 - 100 Mill/ccm Spermien sind normal (Normospermie)

OLIGOSPERMIE	= Verringerung unter 60 Mill/ccm
ASPERMIE	= Fehlen der Spermien und der Sekrete
AZOOSPERMIE	= Sekrete vorhanden, aber reife Spermien fehlen
NEKROSPERMIE	= Die Spermien sind im frischen Ejakulat bewegungslos (befruchtungsunfähig).

Bei Zahlen unter 50 Mill/ccm liegt Zeugungsunfähigkeit (Impotentia generandi) vor, denn je mehr Spermien vorhanden sind, desto reichlicher findet sich die

HYALURONIDASE: ein Ferment, das Mukopolysaccharide (z.B. die Grundsubstanzen der Gewebe; Schleimsubstanzen) auflösen kann. Es wird von den Mitochondrien der Spermien erzeugt und dient einerseits der Auflösung des KRISTELLER'schen Cervikalpfropfs (Schleim im Uterushals), andererseits erleichtert es das Eindringen in die Eizelle (Auflösung der Corona radiata und Zona pellucida an einer Stelle).

Das Ejakulat

Bei der geschlechtlichen Vereinigung (Kohabitation, Coitus) wird die SAMENFLÜSSIGKEIT (Sperma oder Ejakulat) ausgestoßen (ejakuliert) und in das hintere Scheidengewölbe der Vagina gespritzt. Das Ejakulat ist zunächst eine gallertig-milchige Flüssigkeit mit besonderem Geruch und einem leicht alkalischen ph-Wert:

3-5 ccm Flüssigkeit, darin
200 - 300 Mill. Spermien (60-100 Mill/ccm)
Sekrete der 1. Prostata (Vorsteherdrüse)
2. COWPER'schen Drüsen (Bulbourethraldrüsen)
3. Bläschendrüsen (Glandulae vesiculosae)
Fruktose: Sie ist wichtig für die Lebensfähigkeit der Spermien. Der Gehalt im Sperma ist abhängig vom Hormon Testosteron.
Spermin und Spermidin: verursachen den typischen Spermageruch (gehören zu den biogenen Aminen). Beim Eintrocknen fallen sie als Sperminkristalle aus.

Daneben finden sich Begleitstoffe, die keine Bedeutung für die Befruchtung haben: Fett- und Eiweißtröpfchen, Lymphocyten, abgeschilferte Zellen der Samenwege und sogenannte Amyloidkörperchen aus der Prostata (Eiweißkugeln). Nach der Bildung im Hoden (siehe später) legen die Spermien folgenden Weg zurück:

Bildung in den Samenkanälchen (Tubuli contorti oder seminiferi) des Hodens.
Rete testis (im Mediastinum testis). Von hier gelangen sie aktiv durch schlängelnde Bewegung in die
Ductuli efferentes des Nebenhodenkopfes und weiter in den
Ductus epididymidis des Nebenhodenkopfes und -schwanzes. Durch den hier eingestellten leicht sauren pH-Wert werden die Spermien bewegungslos (Säurestarre) und können gespeichert werden. Kurz vor der Ejakulation werden sie durch Muskelkraft weitertransportiert in den
Ductus deferens (Samenleiter), der im Samenstrang (Funiculus spermaticus) liegt. Über den
Ductus ejakulatorius (Spritzkanal), der durch die Prostata zieht, gelangen die Spermien in die
Urethra (männliche Harnröhre).

Das alkalische Sekret der Geschlechtsanhangsdrüsen dient einerseits der Neutralisation des sauren Scheidenmilieus (durch die Cowper'schen Drüsen), andererseits der Aktivierung der säurestarren Spermien (durch Prostata und Bläschendrüse). Die aktivierten Spermien werden durch ihren Schwanz vorwärtsgepeitscht. Das Antriebszentrum liegt im Verbindungsstück. Den richtigen Weg zur Eizelle finden die Spermien

1. durch positive RHEOTAXIS,
   in den weiblichen Tuben und dem Uterus wird durch Flimmerepithelzellen ein Flüssigkeitsstrom erzeugt, der nach außen zur Vagina hin gerichtet ist. Die Spermien können nun diesem Strom <u>entgegen</u>schwimmen und ihn überwinden.
2. durch negative CHEMOTAXIS,
   weil das saure Milieu der Scheide auf sie <u>abstoßend</u> wirkt.
3. durch positive CHEMOTAXIS.
   In den Tuben scheint ein <u>Anlockstoff</u> auf die Spermien einzuwirken, der sie zur Eizelle hinleitet = sog. GAMONE (Befruchtungsstoffe).

Im sauren Milieu der Vagina gehen Spermien schnell zugrunde, im alkalischen pH-Wert der Tuben und des Uterus sind sie dagegen etwa 2 Tage befruchtungsfähig. Beweglich bleiben sie bis zu 8 Tagen. Die Wanderungsgeschwindigkeit beträgt 3 mm/Min, weshalb für den Weg von der Vagina bis zu den Tubenampullen etwa 2 - 3 Stunden vergehen.

Die Entwicklung der Spermien

Die Entwicklung der Spermien erfolgt in den Samenkanälchen des Hodens (vergleiche hierzu AUXILIUM-Histologie, 2.Teil) und besteht aus zwei wesentlichen Stufen:

I. Die Spermiogenese
II. Die Spermiohistogenese

I. Die Spermiogenese

Im Hoden eines neugeborenen Knabens finden sich neben indifferenten Hodenzellen die URSAMENZELLEN = SPERMATOGONIEN. Sie leiten sich von den URGESCHLECHTSZELLEN = ARCHIOSPERMATOGONIEN ab (Näheres unter Keimdrüsenentwicklung) und sitzen an den Wänden der Tubuli contorti (seminiferi). Erst von der Pubertät ab finden sich folgende Veränderungen (hierzu Abb. 10):

SPERMATOGONIE (oder Spermiogonie).

↓ Durch lebhafte mitotische Teilungen vermehren sich diese Ursamenzellen zu weiteren

Spermatogonien

↓ Einige dieser Zellen teilen sich nicht weiter sondern bilden sich um zu den

SPERMATOCYTEN 1. Ordnung (oder Spermiocyten)

Die Spermatocyte 1. Ordnung wächst durch Eiweißaufbau zu einer großen Zelle heran. Gleichzeitig gehen in ihrem Zellkern wichtige Veränderungen vor:

Die Chromosomen des diploiden Satzes (2 x 22 AUTOSOMEN und 2 x 1 HETEROCHROMOSOM) ordnen sich paarweise an = CHROMOSOMENPAARUNG (Synapsis) und tauschen hierbei Erbanlagen aus (Faktorenaustausch oder CROSSING OVER). Anschließend wird jedes Chromosom durch Längsspaltung verdoppelt = es liegt jetzt also ein vierfacher Satz vor !! (sog. TETRADENBILDUNG, aus 2 Chromosomen in 4 Chromatiden gespalten)

Erst dann folgt erneute Teilung in zwei

SPERMATOCYTEN 2. Ordnung (oder Präspermiden)

Jede dieser Zellen bekommt aus der Tetrade 2 Chromatiden. Da aber je 2 Chromatiden Spalthälften <u>eines</u> Chromosoms sind, ist der ursprüngliche Chromosomensatz <u>halbiert</u> worden = REDUKTIONSTEILUNG oder 1. Reifeteilung (Reduktionsteilungen = Trennung homologer Chromosomen). - Durch weitere Teilung entstehen

SPERMATIDEN (oder Spermiden)

Diese Aufteilung in 2 Spermatiden heißt 2. Reifeteilung oder ÄQUATIONSTEILUNG, weil die untereinander gleichen doppelt vorhandenen Chromatiden jeweils getrennt und gleichmäßig auf jede Zelle verteilt werden (Äquation = Trennung von Chromatiden). Reduktion und Äquation können auch einmal vertauscht sein !

Beachte: Die <u>Spermiogenese</u> umfaßt 3 Perioden:

1. die Vermehrungsperiode
2. die Wachstumsperiode
3. die Reifungsperiode

Dabei werden folgende Stufen durchlaufen:

1. Spermatogonie (diploid = 23 als homologe Paare vorhandene Chromosomen)
2. Spermatocyte 1. Ordnung (4 Chromatiden = Tetrade)
3. Spermatocyte 2. Ordnung (2 Chromatiden)
4. Spermatiden (1 Chromatide, wächst zu einem Chromosom)

Aus den SPERMATIDEN bilden sich später die Spermien:

II. Die Spermiohistogenese

Hierunter versteht man die UMWANDLUNG der Spermatiden zu den reifen, befruchtungsfähigen Spermien (Abb.11).

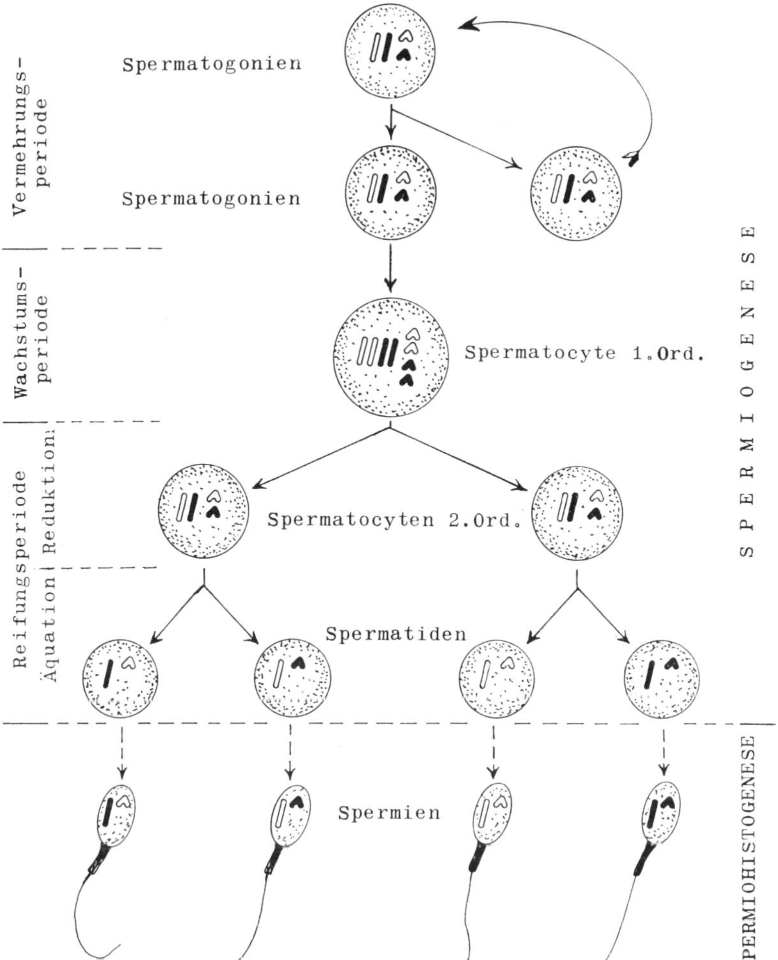

Abb. 10: Schema der Spermienbildung

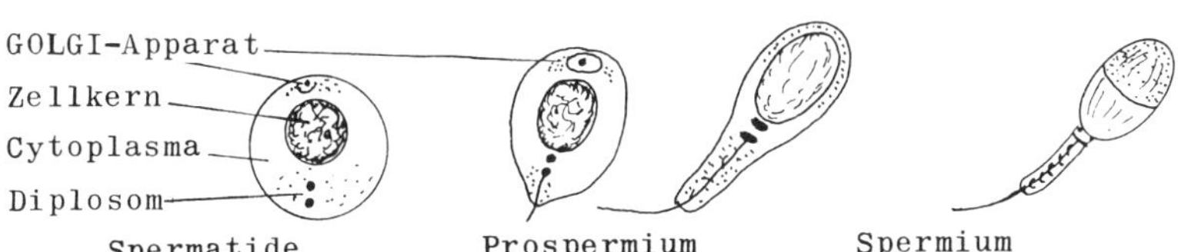

Abb. 11: Die Spermiohistogenese

Nur für Fleißige!

Es kommt zu folgenden Umwandlungen:

Zellkern		Spermienkopf
Cytoplasma		Verbindungsstück und Schwanz, der Rest wird abgeschnürt
Mitochondrien		Spiralfaden
Diplosom	inneres Zentriol	Kopfscheibe
	äußeres Zentriol	Achsenfaden, Querscheibe und Schlußring
GOLGI - Apparat		zunächst zu einem Bläschen, dann zum Akrosom umgewandelt

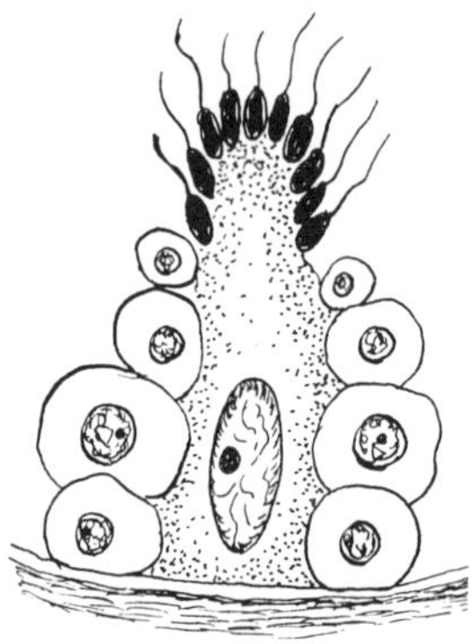

Abb. 12: SERTOLI - Zelle

Zur Durchführung dieser Umwandlungen setzen sich die Spermatiden an die Spitzen der SERTOLI-Zellen (Fußzellen, Abb.12) an. Das sind sehr große, lange Zellen, die mit einer Fußplatte an der Wand des Samenkanälchens beginnen und mit ihrer Spitze bis in das Lumen reichen. Sie ernähren offenbar die Spermatiden während der Spermiohistogenese (Ammenzellen !). Die Spermiohistogenese dauert nur etwa 30 Minuten, die Spermiogenese dagegen etwa 20 Tage. Die fertigen Spermien wandern in den Nebenhoden zur Speicherung.
Vergleiche AUXILIUM-Histologie II.

STEUERUNG DER SPERMIOGENESE

Der Hoden ist in das endokrine System des Körpers eingeschaltet, wie das folgende Schema zeigt:

Hypophysenvorderlappen ← Sexualzentrum

FSH → Spermiogenese

ICSH → Leydig'sche Zwischenzellen - - - → Testosteron

FSH = Follikelstimulierendes Hormon, wird auch beim Mann erzeugt und fördert die Spermiogenese.

ICSH= "Interstitial cell stimulating hormone", zwischenzellstimulierendes Hormon, wirkt auf die Leydig'schen Zwischenzellen, die zwischen den Samenkanälchen liegen und das Hormon Testosteron erzeugen.

Testosteron = männliches Geschlechtshormon; fördert den Eiweißaufbau (sog. anabole Wirkung) und bringt die sekundären Geschlechtsmerkmale zur Entfaltung.

Außerdem bestehen nervöse Einflüsse vom Sexualzentrum des Nucleus infundibularis (am Boden des 3.Ventrikels) auf die Hypophyse.

Die weiblichen Geschlechtszellen

Die reife Eizelle

Die menschliche Eizelle - das OVUM - ist mit 0,2 mm Durchmesser die größte menschliche Zelle überhaupt. Man kann an ihr folgende Strukturen unterscheiden (Abb. 13):

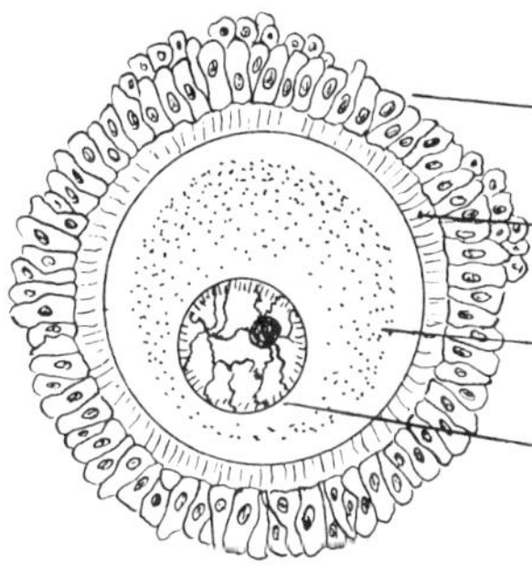

Abb. 13: Menschliche Eizelle

1. Zellkern (Nucleus)
   früher Keimbläschen (Vesicula germinativa) genannt, mit einem deutlichen Nucleolus (früher Macula germinativa).

2. Cytoplasma
   hier Ooplasma genannt. Es läßt zwei Gebiete trennen:
   a) den hellen Rand aus Hyaloplasma mit Mitochondrien
   b) das trübe Zentrum mit zahlreichen Dotterkörnchen.

   Der DOTTER (= Deuteroplasma) gehört zu den sog. paraplasmatischen Substanzen (siehe Histologie, 1. Teil!) und besteht aus zahlreichen Körnchen oder Schollen mit Eiweiß, Kohlehydraten, Fetten, Lipoiden (Lecithin) und Carotinoiden (ergeben gelbliche Färbung). Dieser Dotter ist der Anfangsnährstoff für den sich entwickelnden Embryo.

3. Zona pellucida
   oder Oolemma = eine feine, glasklare Hülle, durchsetzt von feinsten Kanälchen, die dem Oolemm eine Radiärstrei-

fung geben. Durch diese Kanälchen ziehen feine Cytoplasmafortsätze der außen aufsitzenden Ernährungszellen (Corona radiata) hindurch, um Nährstoffe von außen an die Eizelle heranzuführen.

4. Corona radiata
oder Strahlenkranz. Es sind zahlreiche Ernährungszellen, die der Zona pellucida außen aufsitzen. Man findet sie regelmäßig bei reifen Eizellen, obwohl sie nicht direkt zur Eizelle gehören, sondern sich vom Stroma des Ovars ableiten.

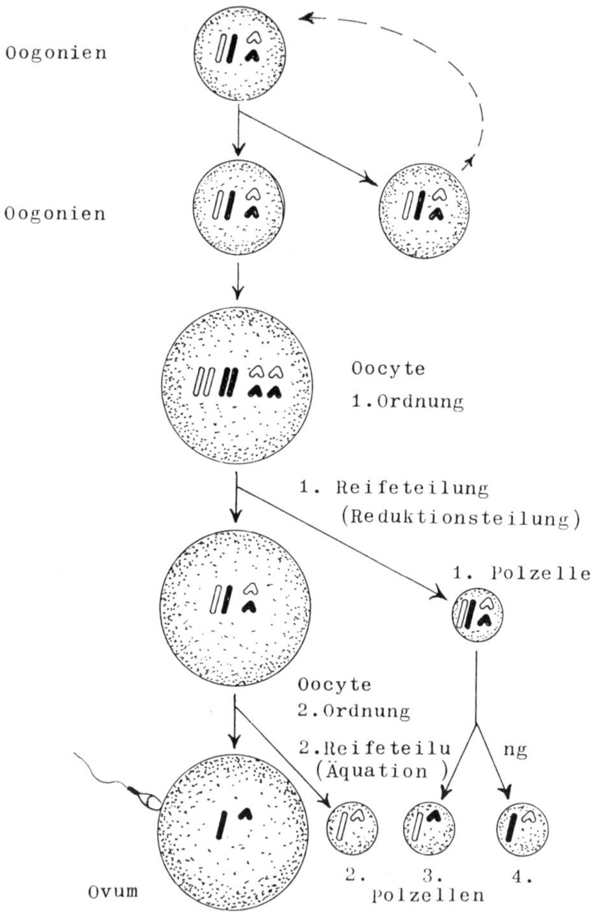

Abb. 14: Schema der Eientwicklung (Oogenese).

Die Entwicklung der Eizelle

Bei einem noch im mütterlichen Uterus heranwachsenden Mädchen finden sich im Ovar die UREIER = OOGONIEN. Wie sie hierher gelangt sind, wird im Kapitel Keimdrüsenentwicklung beschrieben. Beachte unbedingt den Entwicklungsgang (Schema der Abb. 14):

Oogonien

Während der intrauterinen Entwicklung teilen sich die Oogonien fortlaufend in neue Oogonien = Vermehrungsperiode. Bis zur Geburt sind dann etwa 400 ooo Oogonien in beiden Ovarien zusammen angelegt worden. Mit der Geburt oder kurz danach endet die Vermehrungsperiode.

Oogonien

Zwischen der Geburt und der Pubertät werden jeweils einzelne dieser Oogonien größer. Man spricht von der 1.Wachstumsperiode. Die somit umgewandelten Zellen heißen:

Oocyten 1. Ordnung

Sie verharren einige Jahre in diesem Zustand (1. Ruheperiode) bis zum Eintritt der Pubertät. Die Chromosomen lagern sich aneinander (Chromosomenpaarung) und spalten sich in je 2 Chromatiden (Spalthälften). Es entsteht eine Vierlingsfigur aus 4 Chromatiden = TETRADE.

Nach der Pubertät beginnen immer nur einige der Oocyten mit erneutem Wachstum (2. Wachstumsperiode), wobei eigentlich nur die Dottersubstanzen in den Zelleib eingelagert werden. Diese 2. Wachstumsperiode kann zu jedem Zeitpunkt zwischen dem 14. und 48. Lebensjahr (= geschlechtsreifes Alter) stattfinden.

Nach Einlagerung des Dotters bleibt die Oocyte 1. Ord. wieder in einer Ruheperiode, deren Dauer ganz verschieden lang ist (Wochen bis Jahre).

Aus unbekannter Ursache beginnt plötzlich eine der Oocyten 1. Ordnung mit den sog. Reifeteilungen. Dabei wird die Tetrade der Oocyte 1. Ordnung in der 1.Reifeteilung (Reduktionsteilung) in zwei Chromatiden-Doppelsätze geteilt. Das Cytoplasma dagegen wird ungleichmäßig verteilt auf:

1. eine große, dotterreiche diploide Eizelle (= Oocyte 2. Ordnung) und auf
2. eine kleine, dotterarme diploide Polzelle,

auch Richtungskörperchen genannt.

Oocyte 2. Ordnung

Sofort nach der 1. Teilung wird die 2. Reifeteilung (= Äquationsteilung) begonnen, aber nicht zu Ende geführt. Es liegt jetzt gewissermaßen eine haploide, dotterreiche Eizelle und ein weiteres haploides Polkörperchen in Vorbereitung. Der Abschluß dieser Reifeteilung erfolgt erst im Augenblick der Befruchtung. Die vorbereitete haploide Eizelle heißt

Ovum

und stellt die befruchtungsfähige, reife weibliche Geschlechtszelle dar.

Merke die Reihenfolge der Perioden:

Vermehrungsperiode
1. Wachstumsperiode
1. Ruheperiode
2. Wachstumsperiode
2. Ruheperiode
1. Reifeteilung (Reduktion)
2. Reifeteilung (Äquation)

Für die Eizelle muß man sich die Reihenfolge merken:

1. Oogonie
2. Oocyte 1. Ordnung
3. Oocyte 2. Ordnung
4. Ovum

Oft gefragt ! Unterschiede Spermiogenese - Oogenese:

Spermiogenese:

1. Es entstehen aus einer Stammzelle 4 gleichartige Zellen (Spermien), davon 50% männlicher (Y-Chromosom !) und 50% weiblicher Richtung (X-Chromosom !).
2. Die Vermehrungsperiode dauert von der Pubertät an kontinuierlich bis ins Greisenalter.
3. Die Spermien sind cytoplasmaarm, aktiv beweglich und millionenfach vorhanden.

Oogenese:

1. Es entsteht nur 1 Reifei (Ovum), daneben 3 Polzellen. Jedes Ovum besitzt als Geschlechtschromosom nur ein X.
2. Die Vermehrungsperiode findet nur bis zur Geburt statt.
3. Das Ovum ist sehr groß, cytoplasmareich, nicht beweglich. Die Zahl der Eier ist begrenzt.

Die Follikelbildung

Die Eizellen werden von dem Grundgewebe des Ovarium (= stroma ovarii) mit besonderen Hüllzellen = Follikelepithel umgeben. Eizellen mit Follikelepithel bilden das Eibläschen = FOLLIKEL.

Am Ende der Vermehrungsperiode sind alle Oogonien von einem platten Epithel umgeben = Primärfollikel (Abb. 15).

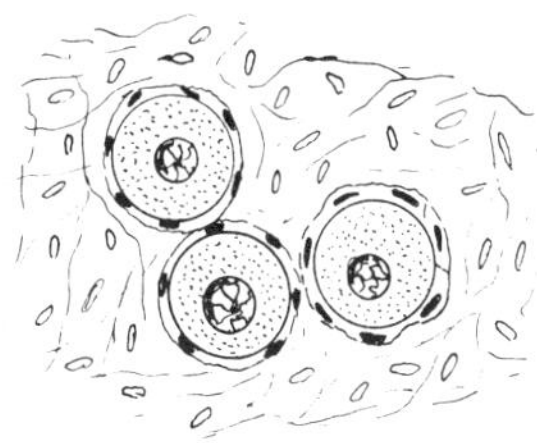

Abb. 15: Primärfollikel

<u>Der Primärfollikel:</u>

Eizelle mit plattem Epithel. zunächst nur Oogonien, die sich aber bis zur Pubertät in Oocyten 1. Ordnung umgewandelt haben.

Wenn die Oocyte 1. Ordnung in die 2. Wachstumsperiode eintritt, verändert sich auch das Follikelepithel und es entsteht

<u>der Sekundärfollikel</u> (wachsender Follikel). Abb.16

mit
1. Oocyte 1.Ordnung
2. kubisches bis mehrschichtiges Follikelepithel, als Membrana granulosa bezeichnet. Es scheidet die zona pellucida aus.
3. Theca folliculi
   Das Stroma des Ovars verdichtet sich rings um den Follikel zu einer Bindegewebshülle.

Zwischen den Zellen der Membrana granulosa tritt mit weiterem Wachstum ein flüssigkeitsgefüllter Spaltraum auf, der sich schließlich zu einem blasenförmigen Gebilde ausweitet (Abb. 17). Damit liegt die nächste Stufe vor,

<u>der Tertiärfollikel</u>

oder De GRAFF'scher Follikel

mit
1. Oocyte 1. Ordnung, umgeben von der Zona pellucida und Corona radiata, ragt in die Follikelhöhle als Eihügel = Cumulus oophorus (oder Cumulus oviger) vor.
2. Follikelhöhle, ausgefüllt durch den Liquor folliculi.
3. Follikelwand aus
   a) der inneren Membrana granulosa
   b) der theca folliculi interna
   c) der theca folliculi externa

Die Tertiärfollikel wachsen nur bis zu etwa 5-6 mm Größe heran und verharren dann einige Zeit auf dieser Stufe (2.Ruheperiode der Eizelle !). In etwa 28tägigem Abstand (siehe Menstruationszyklus) wächst einer der Tertiärfollikel zu einem sprungreifen Tertiärfollikel

heran. Er unterscheidet sich vom einfachen Tertiärfollikel durch 1. 1,5-2 cm Größe, viel Liquor folliculi.
2. Oocyte 2. Ordnung mit Polzelle.
Sonst alle oben genannten Anteile

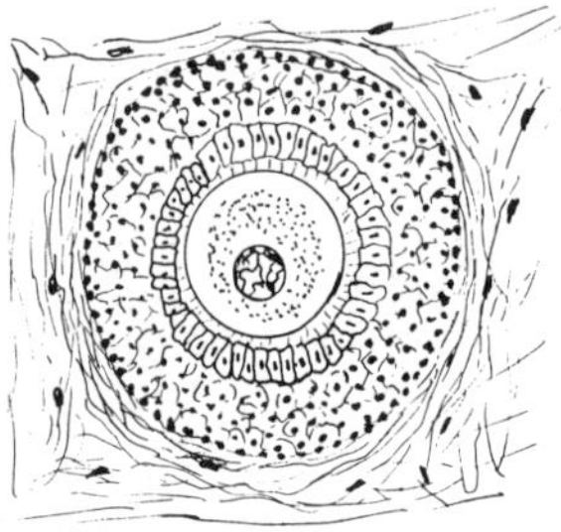

Abb. 16: Sekundärfollikel

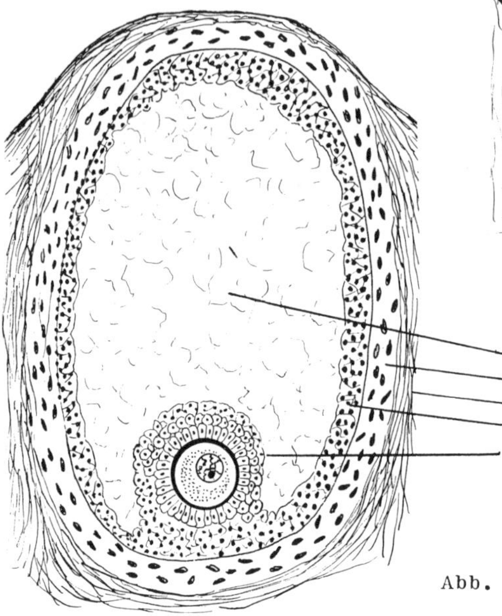

Abb. 17: Tertiärfollikel

Die Bildung der Oocyte 2.Ordnung (1. Reifeteilung) findet kurz vor dem Follikelsprung statt, die 2.Reifeteilung wird sofort nach der Ovulation begonnen, aber bis zur Befruchtung ausgesetzt.

Die Ovulation

Der sprungreife Follikel wölbt durch seine Größe die Oberfläche des Ovars an einer Stelle vor und überdehnt dabei die Außenhülle (Tunika albuginea des Ovars). Diese Stelle wird durch die Druckeinwirkung in ihrem Gewebsstoffwechsel so gestört, daß sie dem Innendruck schließlich nachgibt und einreißt = Ruptur oder FOLLIKELSPRUNG. Auslösend kann hierbei eine vorübergehende starke Durchblutung des Ovars (Hyperämie) wirken. Der ausfließende Liquor folliculi schwemmt die Eizelle mit ihrer Corona radiata aus der Follikelhöhle = OVULATION. Von den Fimbrien der Eileiter wird in den allermeisten Fällen das Ei sofort aufgefangen und durch Flimmerzellen weitertransportiert.

Merke: Der Follikelsprung ist der einzige Fall einer physiologischen, d.h. unter nicht krankhaften

Bedingungen stattfindenden Gewebszerreißung.

Die Zerreißung wird von manchen Frauen als MITTELSCHMERZ bemerkt.

Was geschieht mit dem Follikelgewebe?

a) Das Corpus rubrum (Roter Körper)

Beim Follikelsprung blutet es aus den feinen ovariellen Blutgefäßen in die zusammengefallene Follikelhöhle. Das Blut gerinnt wegen seines Fibrinogengehaltes und verschließt die Wunde. Beim Menschen ist die Blutung nur gering.

b) das Corpus luteum (Gelbkörper)

Die Zellen der Membrana granulosa wachsen auf doppelte bis dreifache Größe und füllen damit die Follikelhöhle. Auch die Zellen der Theca interna wachsen. Durch einsprossende Blutgefäße werden diese Zellen versorgt. Sie alle zusammen bilden das Organ GELBKÖRPER.

Der Gelbkörper produziert Hormon PROGESTERON.

Gelb sind die Zellen, weil sie vom 10. Tage ab das LUTEIN - ein Carotinfarbstoff - speichern.

I. das Corpus luteum menstruationis:
Es wird nur bis zu 1 - 1,5cm groß und bildet sich bereits nach 14 Tagen zurück, wenn keine Befruchtung erfolgt.

II. das Corpus luteum graviditatis:
Es geht aus dem normalen Corpus luteum hervor, sofern die Eizelle befruchtet wurde, und wächst bis zu 3 cm Größe. Blütedauer bis zum 4. Schwangerschaftsmonat.

c) Das Corpus fibrosum (Bindegewebskörper)

In den meisten Fällen wird die Eizelle nicht befruchtet und das Corpus luteum wird durch Bindegewebe ersetzt, meist um den 14. Tag nach Ovulation beginnend.

d) Das Corpus albicans (Weißer Körper)

Das zunächst gefäßreiche Corpus fibrosum schrumpft zu einer weißen Narbe. Auch sie ist nach etwa 8 Wochen verschwunden. Nur die Corpora albicantia, die aus einem großen Schwangerschaftsgelbkörper hervorgehen, lassen sich noch nach Jahren nachweisen.

DIE FOLLIKELATRESIE

Während der Geschlechtsreife einer Frau (etwa 14. bis 45.Jahr) kommt im Durchschnitt alle 28 Tage ein Follikel zum Sprung. Das sind jährlich etwa 13, während der Geschlechtsreife etwa 420. Von den ursprünglichen 400ooo Zellen ist demnach die überwiegende Zahl rückgebildet worden = Follikelatresie. Grundsätzlich kann die Rückbildung auf jeder Stufe der Entwicklung erfolgen. Reste der atretischen Follikel bleiben einige Zeit als Corpora atretica nachweisbar. Der Sinn der überzähligen Follikel scheint nur in der Hormonbildung zu liegen.

Der Menstruationszyklus

Menstruation = monatliche Blutung (Regel, Periode).

Bei der geschlechtsreifen Frau erfolgt etwa alle 28 Tage (= 1 Lunarmonat) eine Blutung. Möglich sind auch andere Abstände von 24 bis 32 Tagen. Diesem rhythmischen Geschehen liegt eine hormonelle Regulation zugrunde, deren Beziehungen die Abb. 18 zeigt.

Hormonelle Steuerung

Das oberste Steuerungszentrum ist das HYPOPHYSEN - HYPOTHALAMUS-SYSTEM. Im Bereich des Tuber cinereum liegen nervöse Zentren, die einen nicht näher bekannten Wirkstoff produzieren. Er gelangt über Blutgefäße (sogenanntes Pfortadersystem der Hypophyse) in den Hypophysenvorderlappen (Adenohypophyse) und löst dort die Produktion bestimmter Hormone aus. Sie werden wegen ihrer Wirkung auf die Geschlechtsorgane (Gonaden) als GONADOTROPINE zusammengefaßt.

Gonadotropin I	= FSH	(Follikelstimulierendes Hormon, ein Glykoproteid)
Gonadotropin II	= LH	(Luteinisierendes Hormon, ein Glykoproteid, chemisch und in der Wirkung identisch mit dem ICSH = Interstitial cell stimulating hormone des Mannes).
Gonadotropin III	= LTH	(Luteotropes Hormon; reines Eiweißhormon = Proteohormon)

Die Gonadotropine sind chemisch bei Mann und Frau gleich, nur ist die Auswirkung auf die verschiedenen Geschlechtsorgane anders. Erfolgsorgan bei der Frau ist das Ovar:

FSH =	steuert das Wachstum der Follikel zu Tertiärfollikeln
LH =	regt im Tertiärfollikel die Bildung von Follikelhormonen an. Mit FSH zusammen wirkt es bei der Ovulation mit. Anschließend entwickelt es den Gelbkörper (regt aber <u>nicht</u> die Bildung des Progesteron an!).
LTH =	bringt den Gelbkörper zur Progesteronerzeugung heißt auch Prolaktin, weil es die Milchgänge der Brustdrüse vergrößert und die Milchsekretion anregt (nach der Geburt).

Angeregt durch die Gonatropine produziert das Ovar ebenfalls neue Hormone:

1. die Östrogene (Follikelhormone)
2. das Progesteron (Corpus-luteum-Hormon).

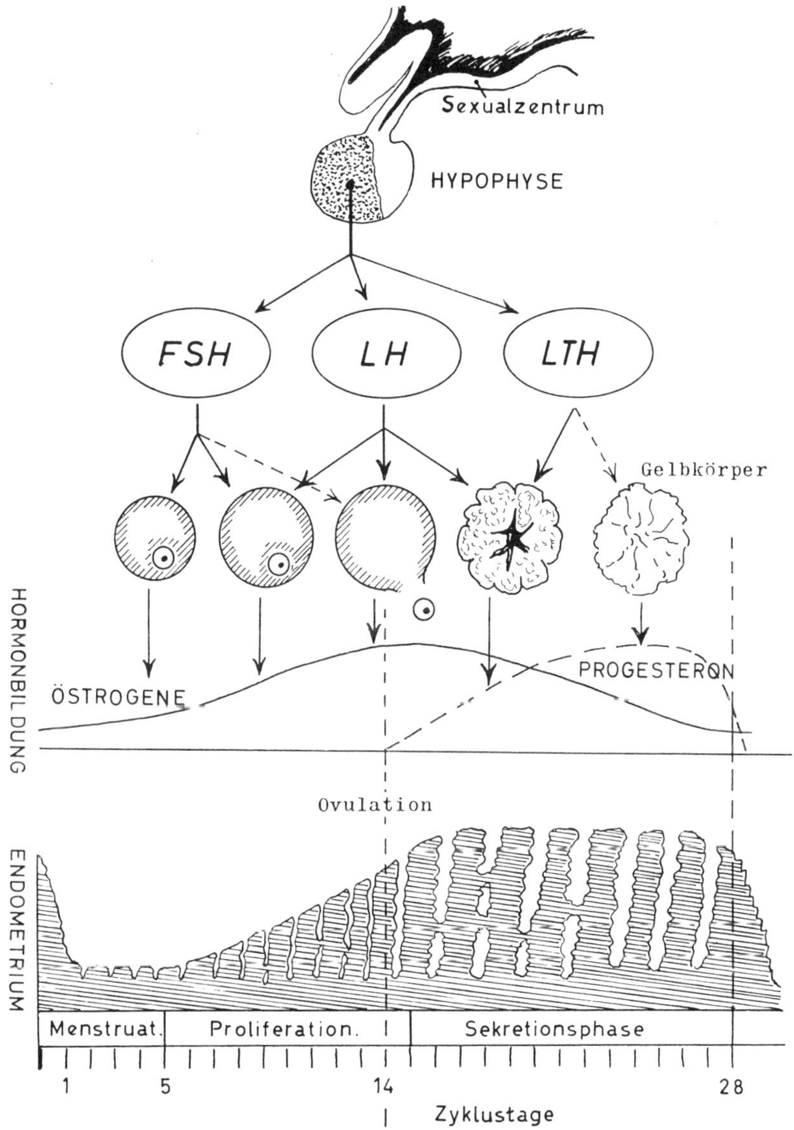

Abb. 18: Schema der hormonellen Zusammenhänge zwischen dem ovariellen und uterinen Zyklus

1. ÖSTROGENE

Zusammenfassender Name für 3 Komponenten:

Östradiol - Östriol - Östron

Bildung in den Zellen der Theca folliculi interna. Chemisch sind es Steroidhormone.

Wirkungen:

- Aufbau einer neuen Schleimhaut im Uterus = Proliferationsphase
- Dickenwachstum der Uterusmuskulatur.
- Wachstum der Brustdrüse (Drüsenendstücke).
- Weiblicher Habitus: Beckenform, Fettansatz, Behaarungstyp, psychische Einstellung.

2. PROGESTERON

Ebenfalls ein Steroidhormon aus den Granulosa-Lutein-Zellen und Theca-Lutein-Zellen des Gelbkörpers. Heißt auch GESTAGEN. Kleine Mengen entstehen in der Nebennierenrinde, große dagegen bei einer Schwangerschaft in der Plazenta.

Wirkungen:

- Umwandlung der Uterusschleimhaut in ein drüsenreiches Gewebe = Sekretionsphase.
- Glykogeneinlagerung in die Stromazellen der Schleimhaut = Dezidualzellen.

Das Wechselspiel der Hormone äußert sich an zwei Organen:

1. am Ovar = ovarieller Zyklus
2. am Uterus = uteriner Zyklus

Der ovarielle Zyklus

In einem gesunden, geschlechtsreifen Ovar wiederholt sich ständig in (fast) regelmäßigen Abständen der Vorgang:

Follikelreifung - Follikelsprung - Gelbkörper.

Er wird als ovarieller Zyklus bezeichnet. Ob er einwandfrei funktioniert, läßt sich durch einen einfachen Test nachweisen, durch die

Messung der Basaltemperatur

Basaltemperatur = Meßwert, der morgens vor dem Aufstehen, nüchtern, rectal gemessen wird. Das Basalthermometer muß in 1/10 Grad Celsius geeicht sein. Die täglichen Meßwerte zeigen einen Kurvenverlauf, wie er in Abb. 19 für eine gesunde Frau ohne fiebrige Erkrankungen dargestellt ist. Vom 1. bis etwa 13. Tag des Zyklus liegt die Basaltemperatur unter 37°C (36,4° bis 36,8°C). Nach der Ovulation steigt die Temperatur über 37°C (37,0° bis 37,2°C). Diese Temperatursteigerung ist eine Progesteronwirkung. Man sieht auf Abb. 19, daß während einer Periode zwei deutlich getrennte Temperaturphasen bestehen; daher biphasischer Zyklus genannt. Ein monophasischer Zyklus (Basaltemperatur nur unter 37°C) weist auf ovarielle Störungen. Ein einwandfreier ovarieller Zyklus ist notwendige Voraussetzung für einen richtigen uterinen Zyklus.

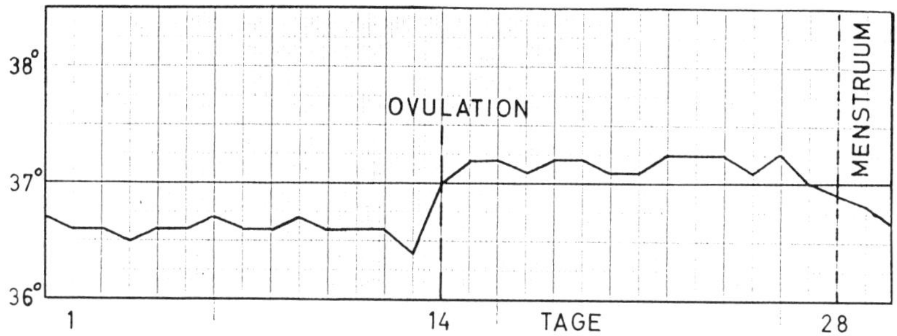

Abb.19: Schema des Verlaufes der morgendlichen Aufwachtemperatur (Basaltemperatur).

Der uterine Zyklus

Er spielt sich in der Hauptsache an der Uterusschleimhaut, dem Endometrium, ab.

Aufbau des Endometriums (Abb.20)

Oberfläche mit Zylinderepithel
Tunika propria = dicke Schicht aus lockerem Bindegewebe
Uterindrüsen = schlauchartige Einsenkungen, mit Epithel ausgekleidet.

Nach der Funktion der Schleimhaut kann man zwei Anteile trennen:

a) die Funktionalis
obere Schleimhautschicht; ihre obere Zellage ist dicht (= Compacta), die untere locker (= Spongiosa); wird unter Blutung abgestoßen und jedesmal neu aufgebaut.

b) die Basalis
eine Grundschicht, die auf der Uterusmuskulatur sitzt und jedesmal die Funktionalis nachbildet. Die Basalis führt die sogenannten Basalarterien, von denen geschlängelte Arterien = Spiralarterien in die Funktionalis einwachsen.

Alle Veränderungen am Endometrium werden durch die ovariellen Hormone gesteuert und verlaufen in 4 Phasen:

1. Desquamationsphase 1.-2. Tag

Nach dem 28. Tag. Dauer 1-2 Tage. Die Funktionalis wird unter Blutung abgestoßen = Menstruationsblutung (Abb.18).

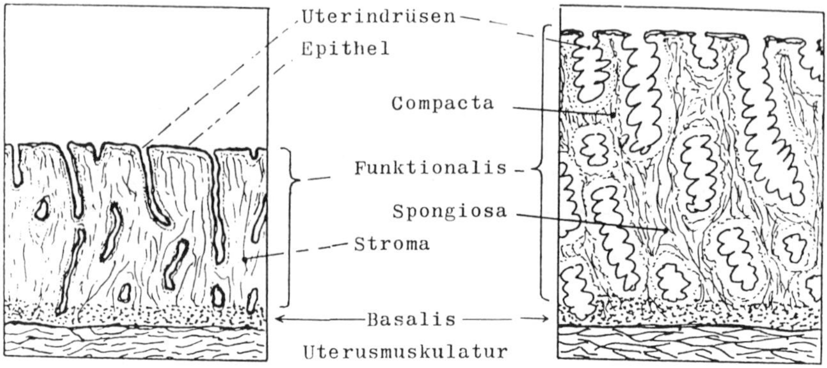

Abb. 20: Endometrium während der Proliferationsphase

Abb. 21: Endometrium während der Sekretionsphase

Vorgang: (Nur für Fleißige!)

1. Hormonabfall führt zur Kapillarschädigung der Schleimhaut mit Schrumpfung des Bindegewebes.
2. Die Schrumpfung komprimiert (mechanisch!) die Spiralarterien und führt zum Blutmangel (Ischämie).
3. Das Gewebe wird durch Blutmangel geschädigt, setzt Fermente und Toxine (Gewebsgifte) frei, die zu einer starken Kontraktion (Spasmus) der Arterien führen. Folge ist völlige Blutleere mit Absterben der obersten Schleimhautlage.
4. Durch eiweißlösende Fermente werden die Arterien eröffnet. Blut tritt aus und hebt die nekrotische (abgestorbene) Schleimhaut in Fetzen ab.

Blutverlust 50 - 100 ml; das Blut ist wegen der proteolytischen Fermente ungerinnbar.

2. Regenerationsphase 3.-4. Tag

Die abgestoßene Funktionalis hinterläßt im Uterus eine riesige Wundfläche. Aus Resten der Uterindrüsen der Basalis wird die Wunde mit Epithelzellen überzogen.

3. Proliferationsphase 5. - 15. Tag

Unter Östrogeneinfluß wird die neue Funktionalis aufgebaut. Die Bindegewebszellen der Basalis wuchern und vergrößern die Schleimhaut. Dann liegt ein Zustand wie auf Abb.20 vor:

Lockeres Gewebe mit schlauchförmigen, leicht gewellten Uterindrüsen (Korkenzieherform).

4. Sekretionsphase 16. - 28. Tag

vom 14. bis 28. Tag. Das Progesteron wandelt die Schleimhaut um und bereitet sie für ein eventuelles befruchtetes Ei vor. Die Epithelzellen und die Drüsen sezernieren einen schleimigen Stoff. Die Bindegewebszellen der Tunika propria lagern Glykogen ein und heißen dann Dezidualzellen (deciduus = vergänglich). Ein sicheres Kennzeichen für diese Phase ist die Sägeblattform der Uterindrüsen (Abb. 21).

Der uterine Zyklus wird auch unterteilt in

a) Menstruum = Desquamationsphase + Regenerationsphase
b) Intermenstruum = Proliferations + Sekretionsphase

Allgemeines:

Menarche = erste Menstruation eines Mädchens
Menopause = letzte Menstruation
Klimakterium = Lebensjahre nach der Menopause

Empfängnisverhütung

Aus der Kenntnis der Biologie des weiblichen Zyklus läßt sich eine Methode der Empfängnisverhütung ableiten, die sittlich und aus weltanschaulichen Gründen vertretbar ist. Man errechnet hierzu die unfruchtbaren Tage.

Grundlagen

Die Ovulation erfolgt etwa in der Mitte zwischen zwei Monatsblutungen, d.h. bei einem 28tägigem Zyklus am 14. Tag. Verschiebungen um 2 Tage navh oben und unten sind möglich (12. bis 16. Tag). Das Ei bleibt nur 12 Stunden befruchtbar. Deshalb hängt man einen Sicherheitstag an (12. bis 17. Tag). Die Spermien können etwa zwei Tage befruchtungsfähig bleiben. Deshalb dürfen sie nicht nach dem 9. Tag in die weiblichen Genitalien gelangen, um nicht den frühesten Ovulationstermin zu erreichen.

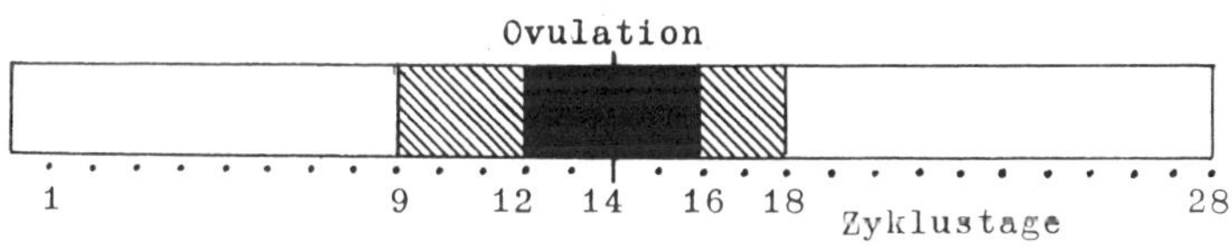

Abb. 22: Schema der unfruchtbaren Tage innerhalb eines 28tägigen Zyklus. Weiß = Befruchtung unwahrscheinlich, gestrichelt = Befruchtung möglich, schwarz = Befruchtung sehr wahrscheinlich.

Daraus folgt(Abb.22):

Wenn als 1. Tag der Beginn einer Monatsblutung bezeichnet wird und ein regelmäßiger 28tägiger Zyklus vorliegt, dann ist zwischen 10. bis 17. Tag eine Befruchtung möglich, zwischen 1. bis 9. Tag und 18. bis 28. Tag unwahrscheinlich. Wenn der Zyklus länger oder kürzer ist, muß entsprechend umgerechnet werden: bei 24tägigem Zyklus liegt z.B. die Ovulation am 11. bis 12. Tag (Kontrolle durch die Basaltemperatur).

Umgekehrt kann man bei Kinderwunsch das Konzeptionsoptimum ebenso berechnen = Mitte zwischen den Blutungen. Noch sicherer ist hier die Basaltemperatur: Kurz vor der Ovulation kommt es zu einem Temperaturabfall (36,2 $^{\circ}$C), dann zu einem Anstieg (37,2 $^{\circ}$C).

Die Befruchtung

Beachte: Begattung = Einbringen der männlichen Geschlechtszellen in die weiblichen Geschlechtsorgane (Kohabitation, Coitus).

Befruchtung = Vereinigung einer haploiden männlichen mit einer haploiden weiblichen Geschlechtszelle unter Bildung einer neuen diploiden Stammzelle (Spermovium; bei Tieren Zygote)

Die Befruchtung der Eizelle erfolgt beim Menschen normalerweise in der Pars ampullaris der Tube und ist nur bis zu 12 Stunden nach der Ovulation möglich (sog. Eialterung).

Vorgang: Der Vorgang der Befruchtung ist an isolierten menschlichen Eiern schon unter dem Mikroskop beobachtet worden. Die meisten Kenntnisse stammen aber aus Tierexperimenten. Man muß zwei Stufen trennen:

1. die Imprägnation
2. die Konjugation

1. Die Imprägnation

Die Hyaluronidase der Spermien löst die Kittlinien der Corona radiata auf. Die Spermien gelangen bis zur Zona pellucida und durchstoßen sie ebenfalls fermentativ. Dem ersten ankommenden Spermium wölbt die Eizelle den sog. Empfängnishügel (Abb.23) entgegen. Durch ihn dringt nur ein einziges Spermium ein (MONOSPERMIE). Sofort nach dem Eindringen bildet sich um die Eizelle durch Cytoplasmaschrumpfung der perivitelline Raum, ein flüssigkeitsgefüllter Spalt zwischen Ei und Zona pellucida, der das Eindringen weiterer Spermien verhindert. Bei Tieren (Seeigel) findet sich statt dessen eine Befruchtungsmembran (verdichtetes Ektoplasma).

Sofort nach dem Spermieneintritt führt die Eizelle (die bisher ja eine Oocyte II. Ord. war !) die 2. Reifeteilung unter Abschnürung einer zweiten Polzelle durch. Erst jetzt ist sie haploid und heißt OVUM. Ihr haploider Zellkern heißt weiblicher Vorkern.

Anmerkung: Auch die 1.Polzelle (aus der 1.Reifeteilung) teilt sich jetzt in zwei weitere haploide Polzellen, die aber keine Bedeutung haben. (Schema Abb.19). Damit sind 3 Polzellen vorhanden.

2. Die Konjugation

Das Spermium verliert seinen Schwanz (der noch einige Zeit im Eiplasma sichtbar bleibt und dann aufgelöst wird), dreht sich um 180° mit dem Mittelstück zum Eizentrum und bildet sich um:

Mittelstück = wird aufgelöst, die Mitochondrien mischen sich mit den Eimitochondrien.

Hals = liefert ein Zentriol, das sich sofort teilt; wichtig für die folgenden Zellteilungen.
Kopf = quillt auf und heißt männlicher Vorkern.

Der weibliche und männliche Vorkern nähern sich; in beiden werden die Chromosomen sichtbar. Sie ordnen sich sternförmig in der Zellmitte an (Bildung der Äquatorialplatte). Die Zelle heißt jetzt S P E R M O V I U M und ist die Stammzelle des neuen Individuum.

Merke: Die eigentliche Befruchtung besteht aus IMPRÄGNATION (Eindringen des Spermiums) und KONJUGATION (Mischung der väterlichen und mütterlichen Chromosomen) und dauert bis zur Bildung einer gemeinsamen Teilungsfigur.

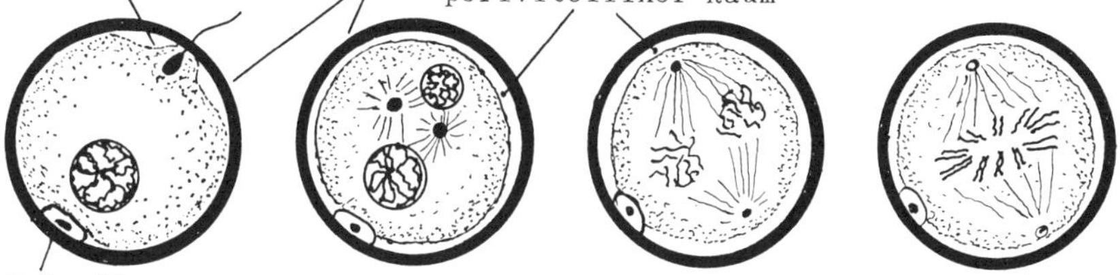

Abb. 23: Schema der Befruchtungsvorgänge

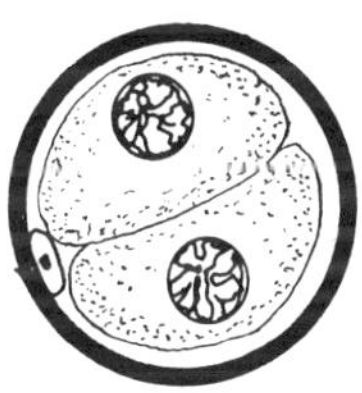

a. Eindringen des Spermiums
b. Aus dem Spermienkopf wird der männliche Vorkern; aus dem Hals entstehen zwei Zentriole
c. Die Chromosomen werden sichtbar
d. Bildung einer gemeinsamen Teilungsebene
figur in der Äquatorialebene = S p e r m o v i u m
e. Teilung des Spermoviums in zwei Furchungszellen (Blastomeren)

Das Spermovium führt sofort eine mitotische Teilung durch, bei der zwei Zellen entstehen. Sie heißen BLASTOMEREN oder auch Furchungszellen (weil sich bei der Beobachtung die Zelloberfläche einfurcht). Damit hat die eigentliche Keimentwicklung eines neuen, selbständigen Individuum begonnen.

Sinn der Befruchtung: 1. Mischung verschiedener Erbanlagen
2. Entwicklungsanregung des Eies zu einem neuen Individuum.

Die Keimentwicklung

Grundlagen

Zum besseren Verständnis der verwickelten Entwicklungsstufen des Menschen sollte man sich einige Beispiele aus der Tierwelt einprägen. Die Einteilung der tierischen Eier erfolgt nach dem DOTTERGEHALT: vergleiche auch Abb. 24 !

oligolecithal = wenig Dotter
mesolecithal = reichlich Dotter
polylecithal = viel Dotter

Die Speicherung der Dottersubstanzen innerhalb der Eizelle kann in verschiedener Weise erfolgen:

isolecithal = gleichmäßig verteilt
anisolecithal = ungleichmäßig verteilt

Bei der ungleichmäßigen Verteilung sind zwei Typen denkbar:

telolecithal = Dotter an einem Eipol
centrolecithal = Dotter in der Eimitte

Erläutert wird dieses Verhalten durch die Abb. 24. Wenn sich nun diese Eier teilen (als FURCHUNG)bezeichnet), dann läßt der Dottergehalt nur ganz bestimmte FURCHUNGSTYPEN zu:

I. Totale Furchung = Teilung der Eizelle mit dem gesamten Dotter in einzelne Tochterzellen

a) adäqual, alle Tochterzellen sind gleichgroß

b) inäqual, die Tochterzellen sind ungleich in der Größe: die kleinen Zellen heißen MIKROMEREN, die großen MAKROMEREN.

II. Partielle Furchung = Teilung nur des Kernes und des Cytoplasmas; der Dotter wird nicht aufgeteilt !

a)diskoidal, das Cytoplasma und der Kern teilen sich so, daß sie wie eine Scheibe oder Haube auf dem Dotter liegen.

b) superfiziell, Teilung an der Außenfläche des Eies (nur bei den centrolecithalen Insekteneiern !).

Einige Beispiele:

Oligolecithal: Säugetiere, Mensch
mesolecithal: Fische, Amphibien
polylecithal: Kriechtiere, Vögel

centrolecithal: Insekten

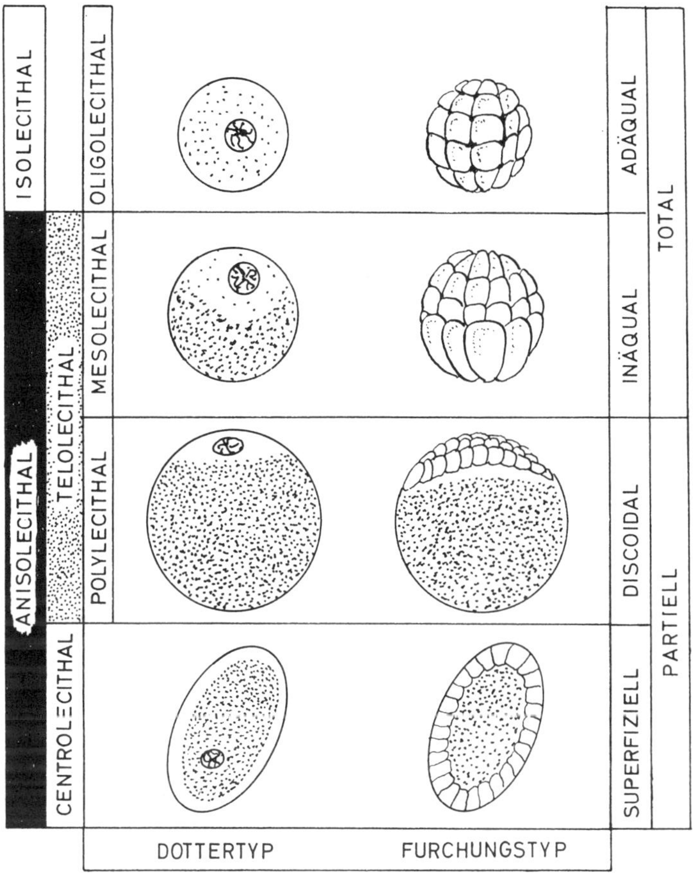

Abb. 24: Vergleichende Darstellung der wichtigsten Eitypen mit ihrer Dotterverteilung und ihrem Furchungstyp.

Merke: Der MENSCH hat ein oligolecithales Ei, dessen Dotter zum isolecithalen Verteilungstyp gehört und nach dem totalen - adäqualen Furchungstyp geteilt wird.

Nur für Fleißige !

Keimentwicklung bei Tieren

Für die spätere Beschreibung der Entwicklung eines menschlichen Eies ist es sinnvoll, sich einige Grundbegriffe der experimentellen Entwicklungsgeschichte aus der Tierwelt einzuprägen:

Entwicklung eines dotterarmen Eies

Ein bekanntes Vorlesungsbeispiel hierfür ist die Entwicklung des LANZETTFISCHCHENS (Amphioxus oder Branchiostoma lanceolatum). Dessen Eier weisen folgende Entwicklungsprinzipien auf:

1. DIE FURCHUNG

Das befruchtete Ei (Spermovium oder Zygote) Teilt sich in Tochterzellen = BLASTOMEREN (Furchungszellen). Durch fortlaufende Teilung (2-, 4-, 8-, 16-, 32-, usw. Zellen)entsteht schließlich ein Zellhaufen = MORULA (=Maulbeere; Abb. 25). Die Morula ist aber immer noch genauso groß wie die Eizelle! Es hat also bisher kein Wachstum stattgefunden !

Spermovium 2-Zellen 4-Zellen 8-Zellen Morula

Abb. 25: Die Totale-adäquale Furchung

Die Zellen der Morula ordnen sich so um, daß eine Hohlkugel = BLASTULA (Keimblase) entsteht. Ihr Hohlraum heißt BLASTOCÖL. Man kann an ihr einen animalen Pol mit kleinen Zellen (= MIKROMEREN) und einen vegetativen Pol mit großen Zellen (= MAKROMEREN) unterschieden (dazu Abb. 26).

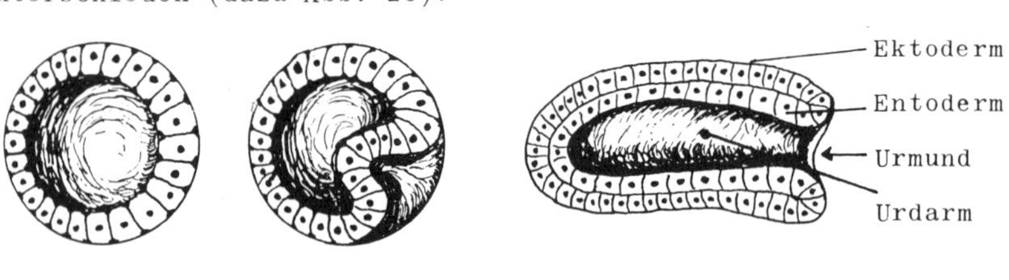

Blastula Beginn der Invagination Gastrula

Abb. 26: Bildung der Invaginationsgastrula

2. Die Gastrulation

Die Makromeren stülpen sich in das Blastocöl ein = INVAGINATION (Abb. 26), wodurch ein fingerhutartiges Gebilde entsteht = GASTRULA (Magen- oder Becherlarve). Sie hat folgende Merkmale:

Ektoderm	= äußere Zellschicht (sog. 1.Keimblatt)
Entoderm	= innere Zellschicht (sog. 2.Keimblatt)
Urmund	= Öffnung der Gastrula
Urmundslippe	= Rand des Urmundes
Urdarm	= innerer Hohlraum einer Gastrula

Der Urmund wird später <u>nicht</u> zu dem bleibenden Mund, sondern zum After! Der eigentliche <u>Mund</u> wird genau entgegengesetzt am zunächst geschlossenen Ende der Gastrula <u>neu</u> angelegt!

3. Die Primitivorgane

Aus den Keimblättern der Gastrula entstehen die ersten Organe des neuen Embryos (Primitivorgane), die auf dem Wege der Umbildung (= Differenzierung) das Material für die späteren Organe liefern:

a) <u>aus dem Ektoderm</u>:

An der dorsalen Seite der Gastrula ordnen sich einige Zellen plattenförmig an = NEURALPLATTE (oder Medullarplatte, Abb. 27b), die sich einstülpt (NEURALRINNE) und schließlich zu einem unter dem Ektoderm liegenden Rohr (NEURALROHR) wird. Es ist die primitivste Anlage des Zentralnervensystems. Das Neuralrohr hat eine vordere Öffnung = NEUROPORUS (Abb. 27f) und eine hintere Öffnung = CANALIS NEURENTERICUS. Wie man an der Abb. 27 f sieht, besteht somit eine Verbindung von außen über den Neuroporus - Neuralrohr - Canalis neurentericus zum Urdarm.

b) <u>aus dem Entoderm</u>:

Aus dem sog. Urdarmdach (dorsaler Teil des Urdarmes) gehen zwei wichtige Anlagen hervor:

I. die CHORDA DORSALIS (Rückensaite).

Zunächst flachen sich die Entodermzellen ab = CHORDAPLATTE (Abb. 27 b), dann biegen sie sich zu einer Rinne um (CHORDARINNE, Abb. 27 c), die sich zu einem Stab schließt = <u>Chorda dorsalis</u> (Abb. 27 d). Sie ist die einfachste Form eines Stützskelets.

II. das Mesoderm.

Es heißt auch 3. Keimblatt und entsteht rechts und links von der Chordaplatte als MESODERMFALTE aus den ursprünglichen Entodermzellen und schiebt sich schlauchartig zwischen Ekto- und Entoderm (Abb. 27b+c). Auf der Seitenansicht erkennt man, daß das Mesoderm aus mehreren hintereinander liegenden Säckchen besteht = URSEGMENTE. Der Hohlraum darin heißt URSEGMENTHÖHLE. Bei weiterer

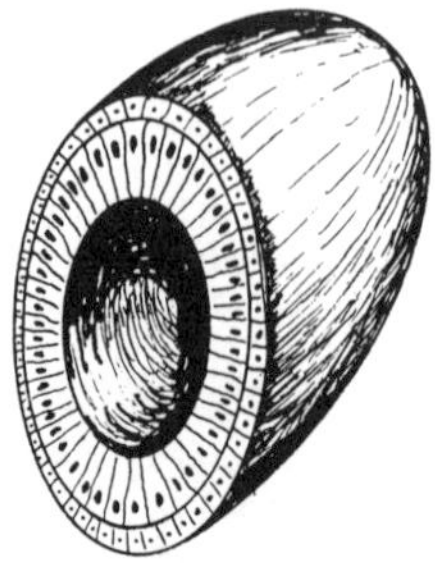

Abb. 27 a.

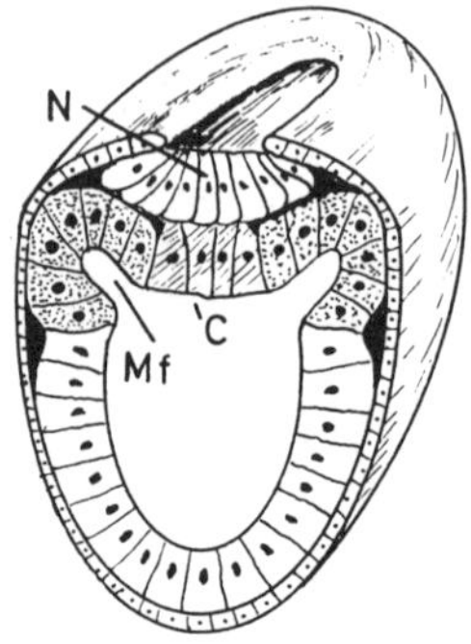

Abb. 27 b.

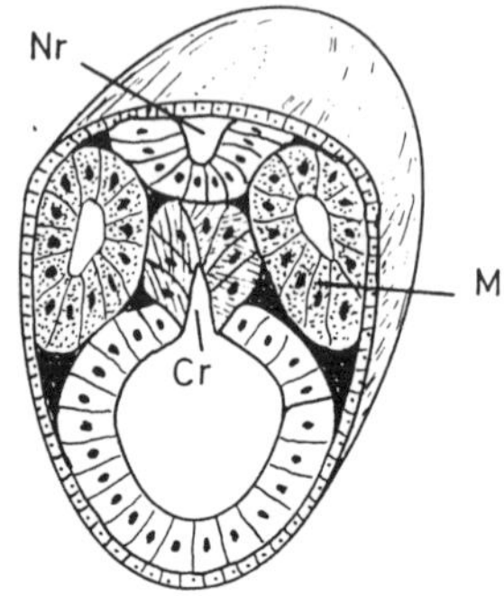

Abb. 27 c.

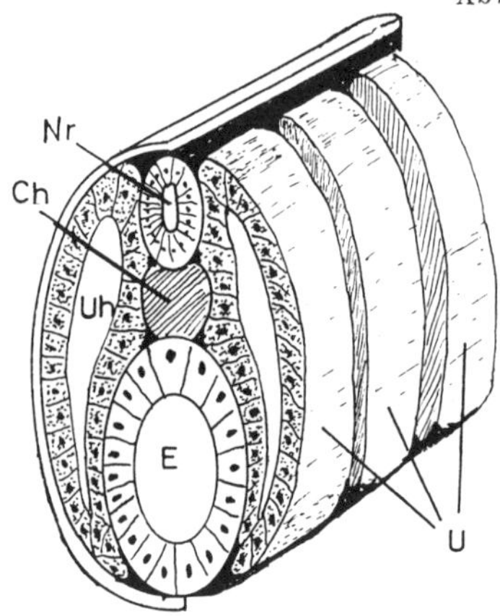

Abb. 27 d.

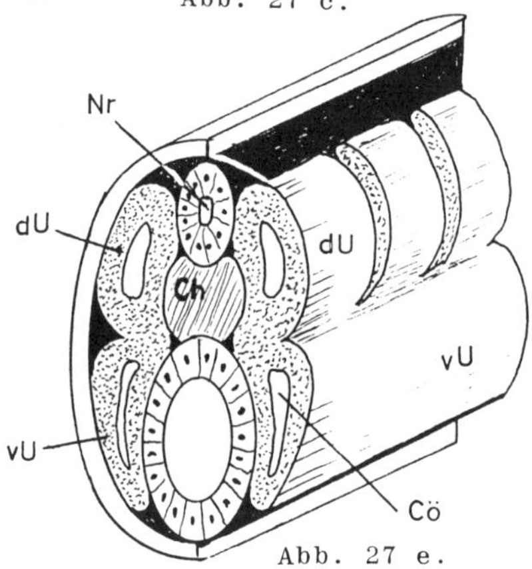

Abb. 27 e.

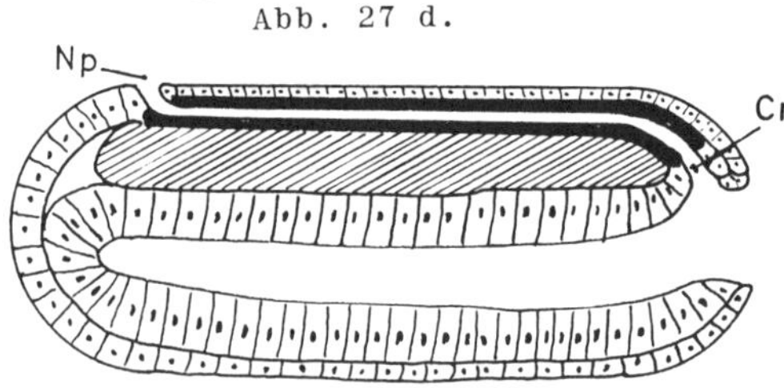

Abb. 27 f

Abb. 27: Entwicklung des Lanzettfischchen.

27a: Querschnitt durch die Gastrula.

27b: C = Chordaplatte, N = Neuralplatte, Mf = Mesodermfalte.

27c: Cr = Chordarinne, Nr = Neuralrinne, M = Mesoderm.

27d: Nr = Neuralrohr, Ch = Chorda dorsalis, E = Entoderm, U = Ursegmente, Uh = Ursegmenthöhle.

27e: Nr = Neuralrohr, Ch = Chorda dorsalis, dU = dorsale Ursegmente, vU = verschmolzene ventrale Ursegmente, Cö = Cölom

27f: Längsschnitt, stark schematisiert; Np = Neuroporus, Cn = Canalis neuentericus, schwarz = Neuralrohr, aufgeschnitten, gestrichelt = Chorda dorsalis.

Entwicklung werden die Ursegmenthöhlen in der Mitte geteilt. Man kann jetzt dorsale und ventrale Ursegmente unterscheiden. Die Zwischenwände der ventralen Ursegmente schwinden und es entsteht ein großer Hohlraum = Cölom oder Leibeshöhle (Abb. 27 e). Die dorsalen Ursegmente bleiben aber segmentiert !

Das Mesoderm liefert später die Zellen für Muskulatur, Stütz- und Bindegewebe, Blutgefäße und Blutzellen.

Anmerkung:

Besondere Bedeutung in der Entwicklung hat die dorsale Urmundslippe (oberer Rand des Urmundes, Abb. 26). Sie heißt auch O R G A N I S A T O R weil unter ihrem Einfluß die Gastrulation und die Ausbildung der Primitivorgane erfolgt. Dieser Einfluß wird als I n d u k t i o n bezeichnet. Zunächst haben die Zellen der Gastrula die Fähigkeit, sich zu den verschiedensten Zelltypen zu entwickeln (sog. Multipotenz). Durch die Induktion werden sie aber gezwungen, sich zu ganz bestimmten Organen zu entwickeln. Eine Zelle, die sich nur noch zu einem festen Ziel hin entwickeln kann, ist festgelegt = determiniert. Wenn man die determinierten Zellen eines Embryos in einer Gewebekultur züchtet, können sie sich nicht mehr umwandeln, sondern ergeben ganz bestimmte gleichartige Zellarten (z.B. Darmepithel). Multipotente Zellen dagegen können sich verschiedenartig weiterentwickeln, je nach den äußeren Einflüssen. Entdeckt wurde das Prinzip der Organisatorwirkung von dem Forscher Hans S p e m a n n. Die entscheidenden Substanzen, die die Induktion auslösen, gehören hauptsächlich zu den Fettstoffen (Ölsäuren), aber auch Nucleoproteide sind als wirksam erkannt worden.

Entwicklung eines dotterreichen Eies

Ein Beispiel hierfür sind die telolecithalen Eier der Vögel (Abb. 24). Das dotterarme Cytoplasmastück auf der großen Dottermasse heißt KEIMSCHEIBE. Durch Teilung entsteht eine zweischichtige Keimscheibe (sog. discoidale Furchung Abb. 28):

1. Ektoderm = äußere Zellage
2. Dotterblatt = innere Zellage.

Das Ektoderm verdickt sich in der Mitte zu einem über die Oberfläche vorspringenden Streifen - PRIMITIVSTREIFEN, der an einem Ende zu einem Knoten (Primitivknoten oder HENSEN'scher Knoten) verdickt ist (Abb.29). Die Zellen des Primitivstreifens und -knotens wandern in die Tiefe und schieben sich zwischen Ektoderm und Dotterblatt (Abb. 30). Dieser Vorgang verursacht in der Aufsicht eine Rinnenbildung im Primitivstreifen = PRIMITIVRINNE.

Merke: Die Primitivrinne ist bei der discoidalen Furchung das Äquivalent des Urmundes.

Aus den tiefergewanderten Zellen entstehen zwei Keimblätter: Das MESODERM und das ENTODERM. - Die weitere Entwicklung des Vogeleies ist weniger wichtig und wird hier weggelassen.

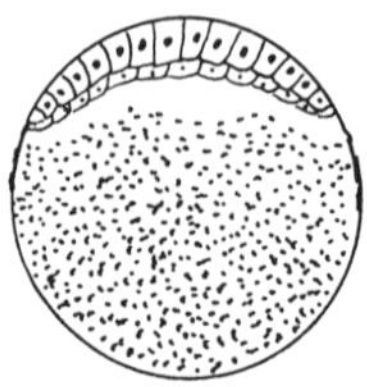

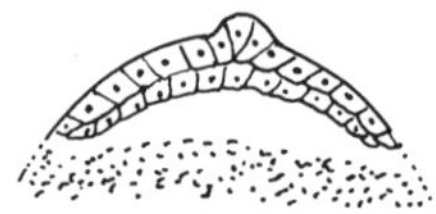

Primitivstreifen
im Querschnitt

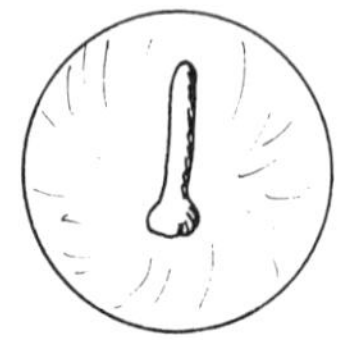

Primitivstreifen in
der Aufsicht

Abb. 28: Keimscheibe

Abb. 29: Bildung des Primitivstreifens

Abb. 30: Einwandern von Ektodermzellen zwischen Ektoderm und Dotterblatt. Die dem Dotterblatt anliegende Zellage wird zum Entoderm, die übrigen Zellen zum Mesoderm.

Eigene Notizen:

Keimentwicklung beim Menschen

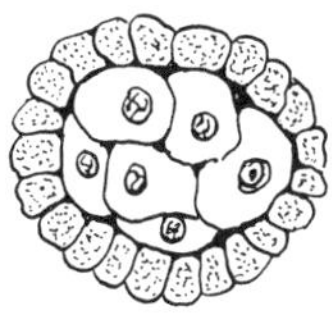

Abb. 31: Menschliche Morula im Querschnitt

Das menschliche Ei ist oligo-isolecithal und teilt sich durch totale-adäquale Furchung zunächst genauso wie das Amphioxusei (siehe Abb. 25) bis zu einer MORULA (Abb. 31). Auf einem Querschnitt kann man aber bereits jetzt zwei Zellarten unterscheiden:

1. TROPHOBLAST = äußere Zellage
2. EMBRYOBLAST = innerer Zellhaufen

Die Morula entwickelt sich aus dem Ei auf dem Wege von der Tube in den Uterus. Dabei geht zunächst die Corona radiata des ursprünglichen Eies verloren, dann auch die Zona pellucida. Die Zona pellucida scheint die Aufgabe zu haben, die ersten Furchungszellen (BLASTOMEREN) zusammenzuhalten und eine zu frühe Einnistung in der Tubenschleimhaut zu verhindern.

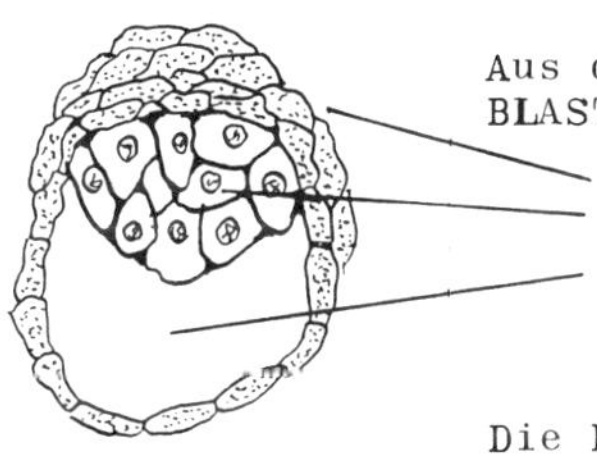

Abb. 32: Blastocyste (Querschnitt)

Aus der Morula bildet sich anschließend eine BLASTOCYSTE (Abb. 32). Sie besteht aus:

1. TROPHOBLAST (oder Ektoblast)
2. EMBRYOBLAST (oder Entoblast)
3. EXOCÖLOM (oder Blastocöl) = außerembryonale Leibeshöhle oder primärer Dottersack.

Die Blastocyste ist implantationsreif, d.h. sie besitzt die Fähigkeit, sich nach Auflösung des Uterusepithels in das Endometrium einzunisten (= NIDATION oder IMPLANTATION). Die Implantation erfolgt etwa am 6.-7. Tag nach der Ovulation (- 20-21. Tag des Zyklus).

IMPLANTATION: Die Zellen des Trophoblasten vermehren sich und erzeugen ein eiweißlösendes Ferment. Damit zerstören sie das Uterusepithel und wachsen durch den Defekt in das Endometrium hinein (Abb.33). Die zerstörten Zellen dienen gleichzeitig der Ernährung des Keimlings (sog. histiolytische Ernährung). Der Epitheldefekt wird später durch ein Fibringerinnsel verschlossen = OPERCULUM (Deckelchen).

Nach der Implantation sind an dem jungen Keim vier Teile wichtig (Abb. 34):

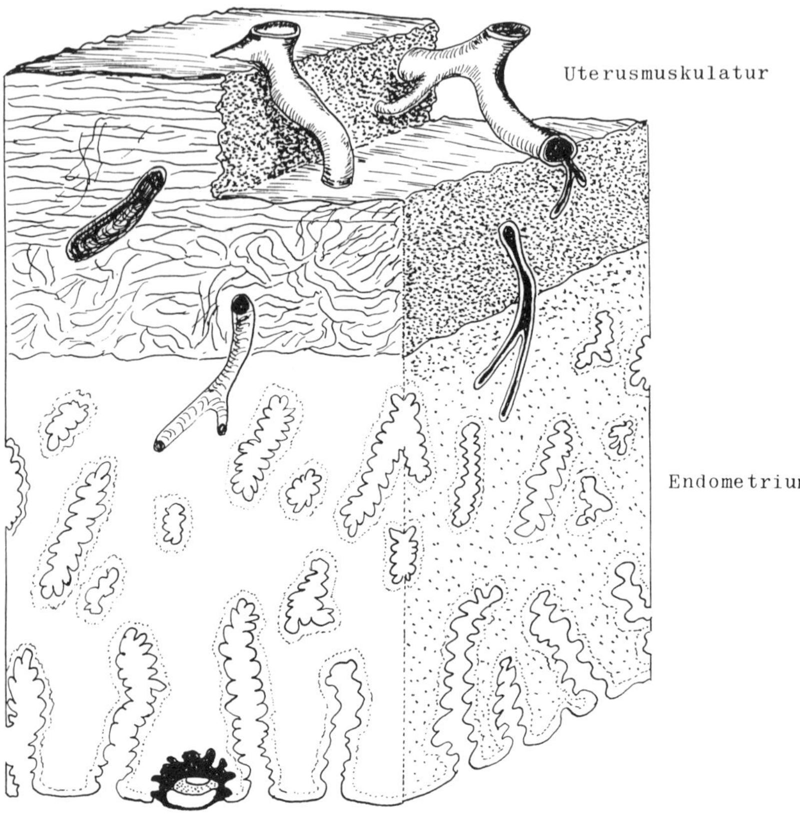

Abb. 33: Schematischer Ausschnitt aus dem Endometrium mit frisch implantierter Blastocyste.

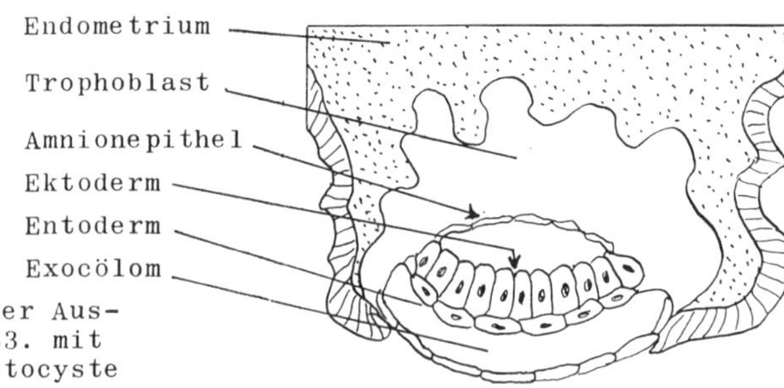

Abb. 34: Vergößerter Ausschnitt aus Abb. 33. mit implantierter Blastocyste

E

1. der Trophoblast
2. die Amnionhöhle
3. der Embryoblast
4. das Exocölom

1. TROPHOBLAST

Der Name besagt bereits, daß hieraus die Ernährungssysteme für den Embryo gebildet werden. Zwischen den Trophoblastzellen entstehen kleine Spalträume (Lakunen), die sich bald aus den eröffneten Blutgefäßen der Uterusschleimhaut mit Blut füllen (Blutlakunen). Damit ist der Keimling vom mütterlichen Blut umpült und wird haematogen ernährt (Abb. 35 und 36).

2. AMNIONHÖHLE

Zwischen den Trophoblastzellen und dem Ektoderm des Embryoblasten entsteht zunächst ein Spaltraum, dann ein Hohlraum = AMNIONHÖHLE (Abb. 34). Die die Amnionhöhle auskleidenden Zellen des Trophoblasten heißen AMNIONEPITHEL.

3. EMBRYOBLAST

Aus dem zunächst als Zellhaufen vorhandenen Embryoblasten bilden sich zwei neue Zellschichten:

a) EKTODERM = große zylindrische Zellen
b) ENTODERM = kleine platte Zellen

Beide zusammen bilden den EMBRYONALSCHILD (Abb. 34). Über dem Ektoderm liegt die Amnionhöhle, unter dem Entoderm das Exocölom.

4. EXOCÖLOM

Es heißt auch „primärer Dottersack". Seine Lage ergibt sich aus Abb. 34 und 35. Um das Exocölom herum bildet der Trophoblast eine dünne Zellage = HEUSER'sche Membran. Nun erfolgt eine weitere Differenzierung: Der Trophoblast sondert Zellen ab, die ein weitmaschiges Netzwerk bilden und den Embryoblasten allseitig als sogenanntes

EXTRAEMBRYONALES MESODERM oder

Morulamesoderm oder

Mesoblast

umgeben (Abb. 35). Mit fortschreitendem Wachstum läßt es folgende Anteile erkennen (Abb. 36):

RANDMESODERM = Randschicht zum eigentlichen Trophoblasten (heißt auch CHORIONMESOBLAST).

HÜLLMESODERM = lockeres netzartiges Gewebe rings um den Embryoblasten (sog. Hüllmesoblast).

HAFTMESODERM = festerer Gewebsstreifen, der vom Embryoblasten an den Rand des Trophoblasten zieht. Heißt auch HAFTSTIEL und ist die erste Anlage der Nabelschnur.

Abb. 35

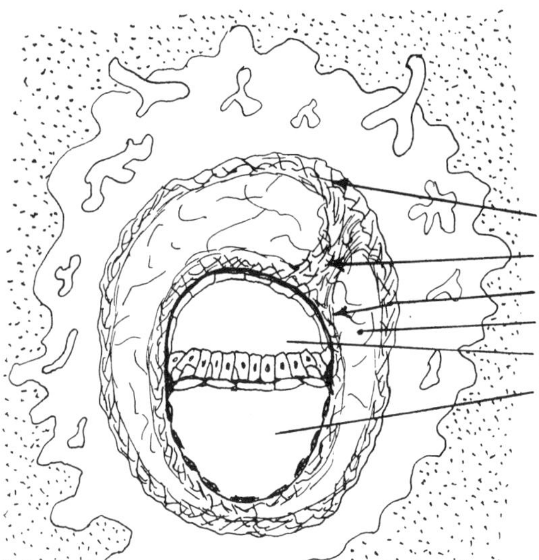

Abb. 36

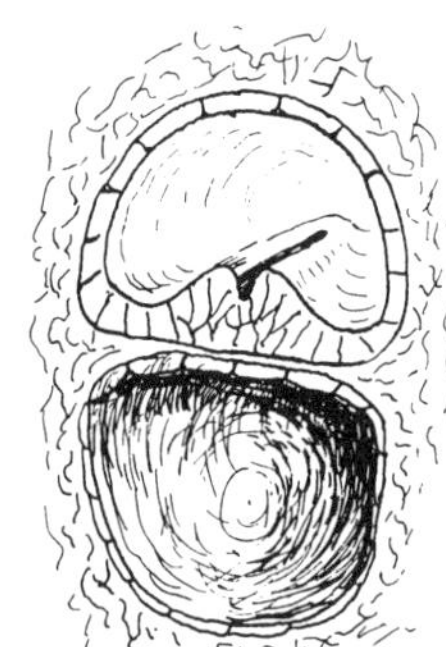

Abb. 37: Primitivrinne

MAGMA RETICULARE = lockeres Netz zwischen Rand- und Hüllmesoderm.

BILDUNG DES EMBRYOS

An dem einfachen zweischichtigen Embryonalschild gehen folgende Veränderungen vor:

Auf dem Embryonalschild entsteht ein PRIMITIVSTREIFEN, der nach dem gleichen Mechanismus, wie vorher auf Abb. 30 erläutert, entsteht. Er hat zum späteren kranialen Ende hin eine kolbige Verdickung (HENSEN'scher Knoten). Wie bereits bei den Vögeln beschrieben, kommt es auch hier zu einem nach Unten- und Innenwansern der Zellen, wobei man in der Aufsicht einen PRIMITIVSTREIFEN sieht, der sich zu einer PRIMITIVRINNE einsenkt (Abb. 37). Von dem HENSEN'schen Knoten senkt sich der sogenannte KOPFFORTSATZ (Chorda-Mesodermfortsatz) nach vorn (Abb. 38). Er hat innen einen hohlen Kanal (Primitivkanal), der auf dem Embryonalschild als PRIMITIVGRUBE mündet.

Merke: Die Primitivgrube beim menschlichen Keimling entspricht dem Urmund tierischer Keimlinge und besitzt ORGANISATORWIRKUNG (vergleiche Seite 31).

Der Primitivkanal wächst an das Entoderm heran und durchbricht es. Damit besteht eine direkteVerbindung zwischen Amnionhöhle und sekundärem Dottersack = CANALIS NEURENTERICUS. Später verschließt er sich wieder.

Merke: Die Zellen des Kopffortsatzes und die in der Primitivrinne eingekrempelten Zellen bilden beim Menschen das 3. Keimblatt - MESODERM (intraembryonales Mesoderm). Seine Lage erkennt man auf Abb. 39.

Von nun ab kommt es zur Bildung der PRIMITIVORGANE:

1. Aus dem EKTODERM

bildet sich die NEURALPLATTE (Medullarplatte), aus der sich die NEURALWULSTE, dann die NEURALRINNE (Abb. 40) und schließlich das NEURALROHR (Abb. 42) bilden. Dieses Rohr ist vorübergehend durch einen vorderen und hinteren Neuroporus mit der Amnionhöhle in Verbindung. Die Pori werden bald verschlossen.

2. Aus dem MESODERM,

das zunächst als eine Zellplatte zwischen Ekto- und Entoderm liegt, gehen verschiedene Anlagen von Bedeutung hervor:

a) die Chorda dorsalis (Rückensaite)

In der Längsachse des Embryos trennt sich eine stabförmige Zellmasse aus dem Mesoderm ab (Abb. 40 und 41). Sie ist das einfachste Stützgerüst.

Abb. 38: Längsschnitt durch den Embryonalschild

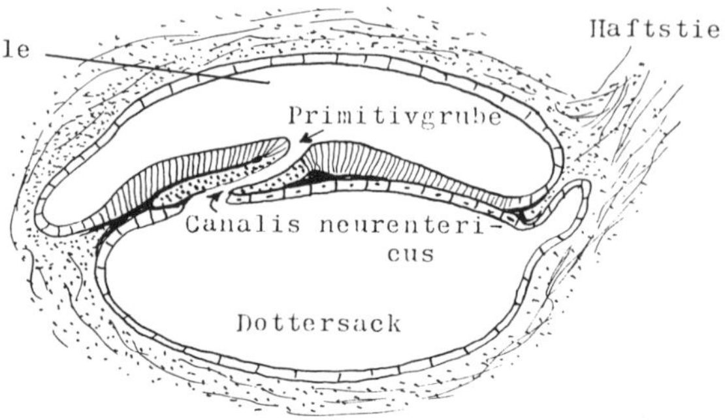

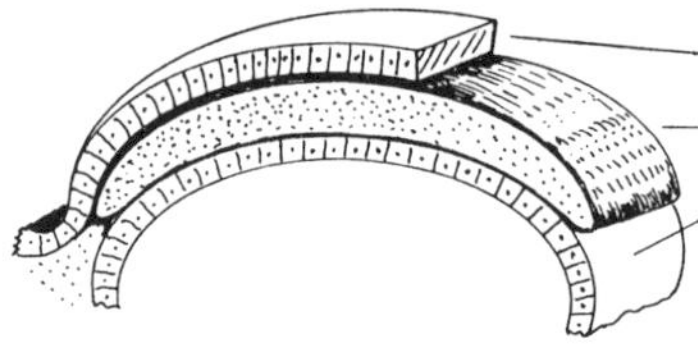

Abb. 39: Querschnitt durch den Embryonalschild

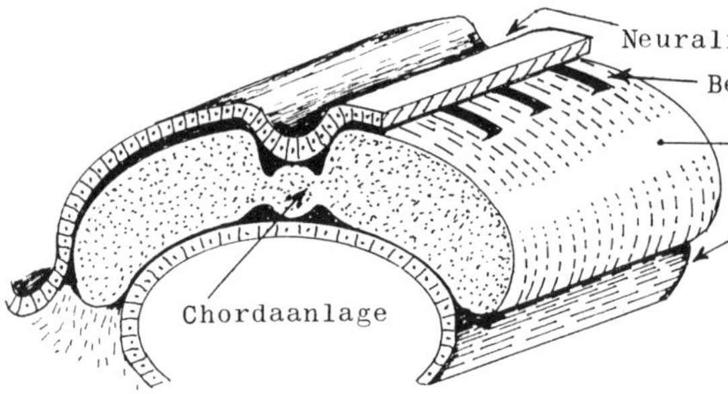

Abb. 40: Bildung der Primitivorgane

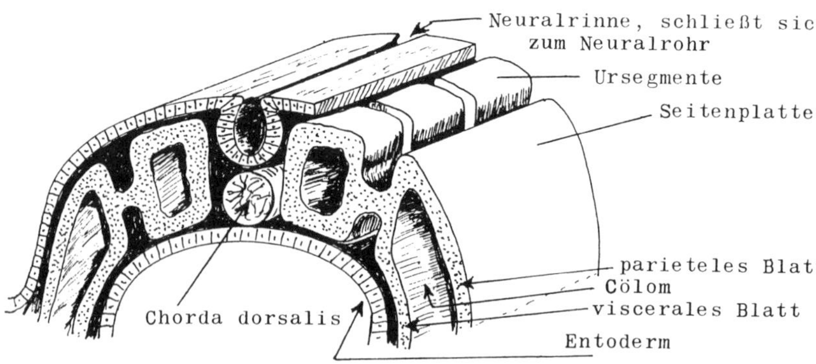

Abb. 41: Die Primitivorgane des Embryos

Anmerkung: Manche Autoren vermuten, daß auch Zellen des Entoderms beim Menschen zur Chordabildung herangezogen werden.

b) die Ursegmente

Das rechts und links neben der Chorda liegende Mesodermmaterial wird untergliedert. Vergleiche jetzt die Abb. 40. Es entstehen zunächst kammartige Einschnitte, die schließlich zu würfelartigen Zellhaufen abgeschnürt werden und nur durch eine dünne Zellbrücke mit dem seitlichen Mesoderm verbunden bleiben. Man findet schließlich (Abb. 41):

1. die URSEGMENTE oder Somiten	medial neben Chorda und Neuralrohr liegende würfelartige Zellhaufen.
2. URSEGMENTHÖHLEN	Durch Flüssigkeitsabsonderung in den Ursegmenten entstandener Hohlraum.
3. URSEGMENTSTIELE	Zellbrücken zum seitlichen Mesoderm
4. SEITENPLATTE	Laterales Mesoderm, das wiederum drei Anteile zeigt:

a) viscerales Blatt des Mesoderm = berührt das Entoderm
b) parietales Blatt des Mesoderm = liegt dem Ektoderm an.
c) Cölom = Hohlraum zwischen den beiden Mesodermblättern

Die Teile 1, 2 und 3 werden als „mediales segmentiertes Mesoderm" dem „lateralen unsegmentierten Mesoderm" der Seitenplatte (4) gegenübergestellt. Das laterale Mesoderm geht am Rande in das Hüllmesoderm (außerembryonales Mesoderm, Abb. 42) über.

3. Aus dem ENTODERM

entstehen vier besondere Primitivorgane:

1. der primitive Darm
2. der Dottersackstiel (Ductus omphalo-entericus)
3. der sekundäre Dottersack
4. Die Allantois (in den Haftstiel reichender Dottersackfortsatz)

Der Zusammenhang ist aus Abb. 43 ersichtlich.

<u>Zusammenfassung</u>:

Etwa zum Zeitpunkt der 4. - 5. Woche nach der Konzeption sind beim Embryo die Primitivorgane ausgebildet. Man findet dann Organanlagen, wie sie durch Abb. 42 im Querschnitt und Abb. 43 im Längsschnitt gezeigt werden. In den späteren Abschnitten über die Organentwicklung wird von diesen Abbildungen ausgegangen.

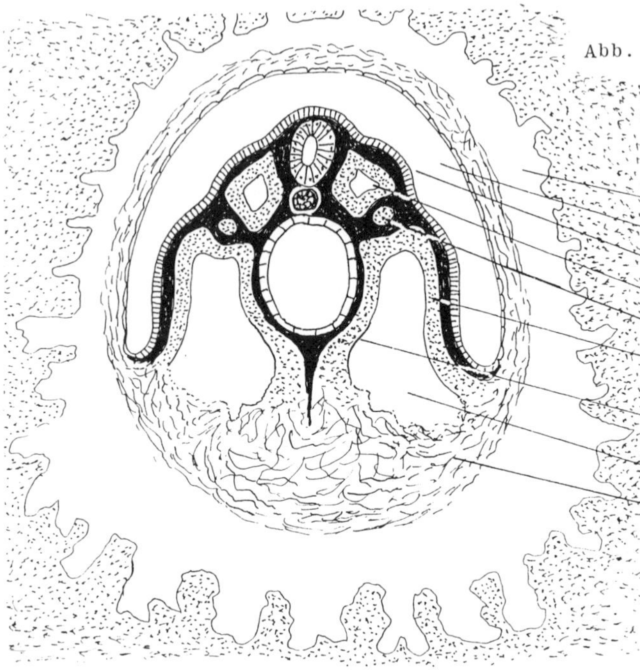

Abb. 42: Querschnitt

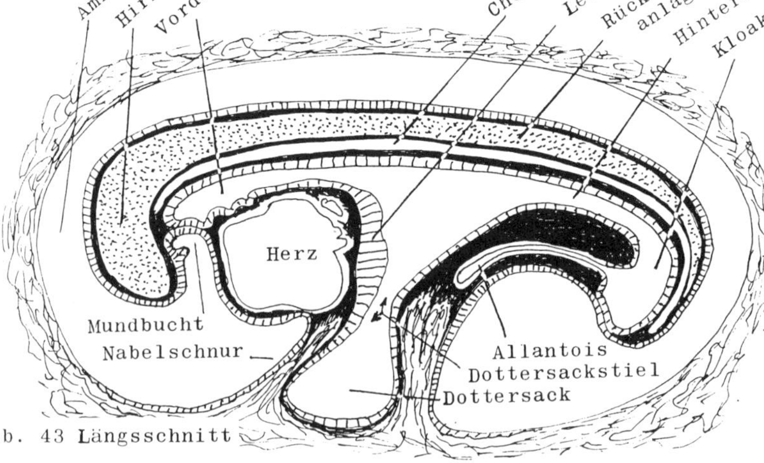

Abb. 43 Längsschnitt

Die Plazentation

Plazentation = Bildung der Plazenta (Mutterkuchen)

Plazenta = Besonderes vorübergehendes Organ zur Ernährung, zum Gasaustausch und zur Entfernung von ausscheidungspflichtigen Stoffen der Frucht, daneben Hormonbildner mit Einfluß auf den mütterlichen Körper.

Die Plazentation beginnt mit dem Zeitpunkt der Implantation (Vergleiche Abb. 33). Die Uterusschleimhaut ist bereits unter Einfluß der Gestagene (Progesteron) vorbereitet worden und heißt

DEZIDUA = die „Hinfällige", weil sie beim Ausbleiben einer Schwangerschaft während der Menstruation wieder abgestoßen wird. Ihre Kennzeichen sind:

1. Deziduazellen = vergrößerte Retikulumzellen des Schleimhautstromas; speichern GLYKOGEN und zahlreiche Lipoproteide.
2. Uterindrüsen, grob geschlängelt (sog. Sägeblattform) mit Schleimbildung (Sekretionsphase des Endometriums).
3. Zahlreiche Blutgefäße.

Die Blastocyste implantiert sich in den meisten Fällen in die Dezidua der Vorder- oder Hinterwand des Uterus. Seltener ist ein Ansatz an den Tubenecken oder im Bereich des inneren Muttermundes. Implantationen in die Tubenschleimhaut oder in das Bauchfell (extrem selten, nur, wenn das Ei bei der Ovulation nicht von den Fimbrien aufgefangen werden konnte) führen zu einer Extrauteringravidität mit Lebensgefahr für die Mutter (Riß der Tuben = Blutung in die Bauchhöhle).

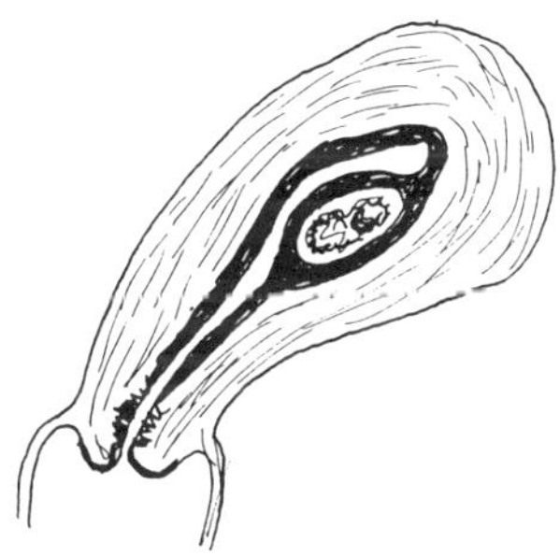

Abb. 44.

Nach der Implantation unterteilt man die Uterusschleimhaut in (Abb. 44):

Dezidua basalis = Schleimhaut unter der Blastocyste. Wird später zum Sitz der reifen Plazenta

Dezidua capsularis = Schleimhaut über der Blastocyste

Dezidua marginalis = Grenze zwischen Dezidua basalis und capsularis.

Dezidua parietalis (oder vera) = übrige Dezidua der Uterushöhle.

Im 3. Monat verklebt die Dezidua capsularis mit der Dezidua parietalis der Gegenseite durch Ausweitung der Amnionhöhle.

Die Plazentaentwicklung

TROPHOBLAST (EKTOBLAST)

Er wurde bereits früher beschrieben. Er ist das einfachste Ernährungsorgan des Embryos. Bei der Implantation löst er die Dezidualzellen auf und führt die Nährstoffe dem Keimling zu. Diese histiotrophe Ernährung wird bereits nach kurzer Zeit auf hämotrophe Versorgung umgestellt, wenn die vordringenden Trophoblastzellen die mütterlichen Schleimhautgefäße eröffnen und die sog. Blutlakunen entstehen. Bei der histologischen Untersuchung des Trophoblasten erkennt man zwei Zellarten:

1. Plasmoditrophoblast

   Es ist die äußere vielkernige Cytoplasmaschicht ohne erkennbare Zellgrenzen, deren Kernreichtum offenbar durch endomitotische Teilungen entstanden ist (PLASMODIUM). Früher hielt man diese Schicht für ein Syncytium und sprach vom SYNCYTIOTROPHOBLASTEN.

2. Cytotrophoblast

   Innere Zellage mit deutlich erkennbaren Zellgrenzen.

Von der 2. Embryonalwoche an wird der zweischichtige Trophoblast verändert. Insbesondere der Cytotrophoblast beginnt stark zu wachsen und dringt mit zahlreichen zottenartigen Fortsätzen tiefer in die Dezidua ein. Man spricht jetzt vom ZOTTENEI, die Fortsätze heißen PRIMÄRZOTTEN. Damit ist aus dem einfachen Trophoblasten etwas Neues geworden, das

CHORION VILLOSUM (Zottenhaut)

Der Chorionmesoblast (= Randmesoderm oder äußere Schicht des extraembryonalen Mesoderms, vergl. S. 35) wächst von innen her in die Primärzotten und wandelt sie damit zu den SEKUNDÄR- oder CHORIONZOTTEN um. Sie bestehen auf einem Schnittbild (Abb. 45) aus:

1. Stroma

   Bindegewebe, das vom extraembryonalen Mesoderm stammt. Darin Blutgefäße, die zum Embryo hinführen.

2. Cytotrophoblast

   oder LANGHANS'sche Zellschicht. Es sind kubische Zellen, die sich unmittelbar vom Trophoblasten herleiten. Sie sind nur bis zum 3. Schwangerschaftsmonat nachweisbar und bilden während dieser Zeit das Hormon CHORIONGONADOTROPIN.

3. Plasmoditrophoblast

   kurz als PLASMODIUM bezeichnet, früher auch als syncytiotrophoblast oder RESORPTIONSSYNCYTIUM bezeichnet. Es ist eine sehr stoffwechselaktive zellkernreiche Cytoplasmaschicht, in der keine Zellgrenzen zu erkennen sind. Nach dem 3. Schwangerschaftsmonat verbleibt das Plasmodium als einziger Zellüberzug der Plazentazotten. Abgerissene Plasmodiumteile können manchmal im Blut der Mutter als „Riesenzellen" nachgewiesen werden, ohne daß ihnen eine besondere Bedeutung zukommt. In seltenen Fällen neigt der Plasmoditrophoblast zur

Bildung einer bösartigen Geschwulst - dem sog. CHORIONEPITHELIOM -, das durch starke Streuung und Ansiedlung (Metastasierung) in der Lunge und anderen Organen zum Tode führen kann.

Anmerkung:

Im Lichtmikroskop erkennt man an der Oberfläche des Plasmoditrophoblasten einen sog. BÜRSTENSAUM. Aus elektronenmikroskopischen Untersuchungen weiß man, daß es sich hierbei um winzige Zellfortsätze - MIKROVILLI - handelt, deren Aufgabe eine besondere Beschleunigung von Resorptionsvorgängen infolge Oberflächenvergrößerung ist.

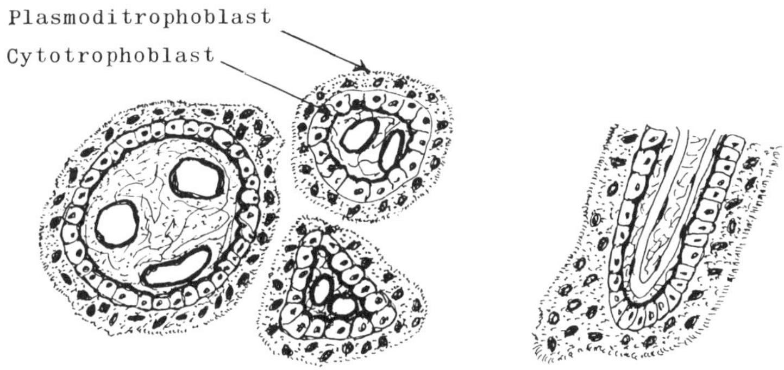

Zottenquerschnitt Längsschnitt

Abb. 45: Plazentarzotten

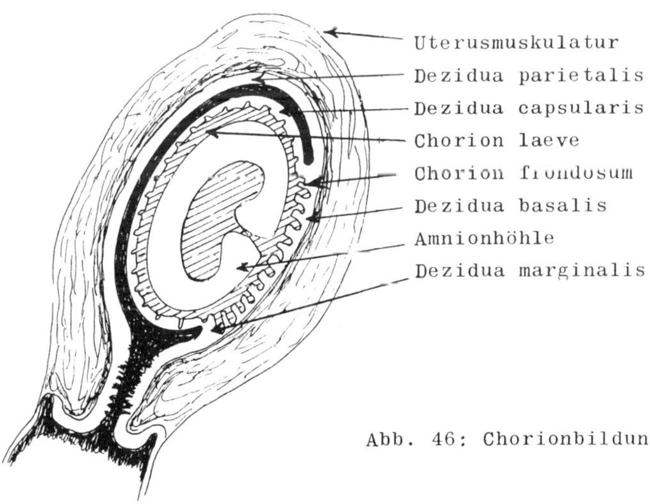

Abb. 46: Chorionbildung

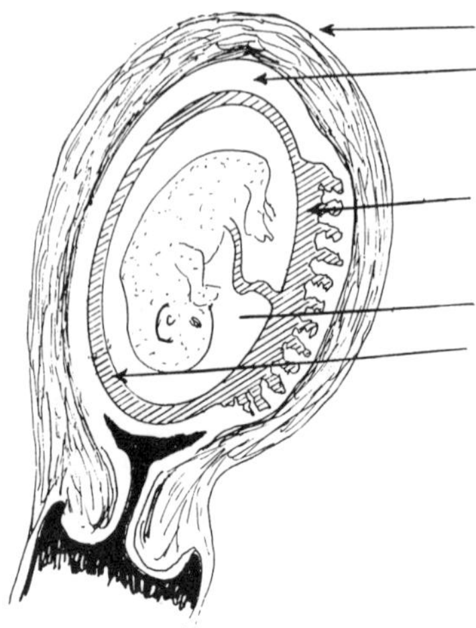

Abb. 47: Entstehung der Eihäute und der Fruchtblase

Ein noch sehr junger Embryo mit seinem Chorion würde beim Herauspräparieren wie die stachlige Kapsel einer Kastanie aussehen. Die Chorionzotten im Bereich der Dezidua basalis werden besonders stark entwickelt und bilden das CHORION FRONDOSUM = späterer foetaler Plazentaanteil. Die der Dezidua capsularis zugewandten Zotten werden dagegen völlig rückgebildet = CHORION LAEVE (Abb. 46). Durch starke Verzweigung der Zottenstämme entstehen die TERTIÄRZOTTEN der reifen Plazenta.

Im Inneren des vom Chorion umgrenzten Hohlraumes liegt die AMNIONHÖHLE (Vergleiche Abb. 46 und 47), in der der Embryo,von FRUCHTWASSER (Liquor amnii) umhüllt, schwimmt. Dieser Hohlraum wird von einer dünnen Epithelschicht austapeziert = AMNION oder Schafshaut, die Zellen heißen AMNIONEPITHEL und sezernieren das Fruchtwasser.

Die Plazenta

An der reifen Plazenta werden zwei Anteile unterschiden:

I. der mütterliche Anteil = Plazenta materna
II. der kindliche Anteil = Plazenta fetalis

I. Die Plazenta materna

ist der Rest der Dezidua basalis , und zwar im wesentlichen die Compacta - Schicht der ehemaligen Schleimhaut. Zwei Bestandteile sind wichtig (Abb. 48):

a) die BASALPLATTE aus den Deziduazellen, an vielen Stellen von Venen und Arterien durchbrochen.

b) die PLAZENTARSEPTEN (Septae placentae oder Dezidualsepten).

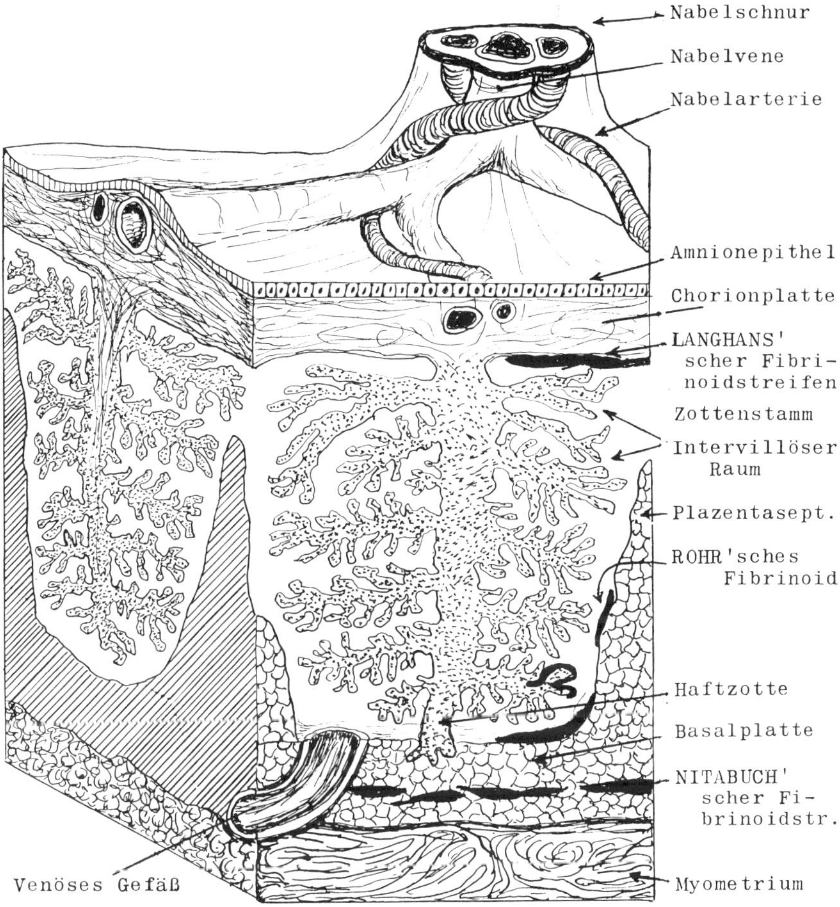

Abb. 48: Schematischer perspektivischer Schnitt durch eine Plazenta. Es sind zwei Zottenstämme dargestellt.

Es sind die auf der Basalplatte stehenden Zellsäulen. Sie entstehen im Laufe der Plazentabildung aus angeschwemmten Dezidualzellen und Trophoblastzellen. Eine besondere Bedeutung haben sie nicht. Früher hielt man sie für Deziduareste.

II. Die plazenta fetalis

entsteht aus dem Chorion frondosum. Sie hat folgende Anteile:

a) die CHORIONPLATTE, eine ca. 20 cm breite, runde bis ovale Scheibe aus Bindegewebe, von der die Nabelschnur zum Foetus abgeht. Zur Amnionhöhle hin (liegt auf der Seite der Nabelschnur) wird sie vom Amnionepithel, auf der anderen Seite (zur Plazenta materna hin) vom Chorionepithel bekleidet. In der Chorionplatte verzweigen sich die Nabelschnurgefäße.

b) die PLAZENTARZOTTEN. Sie entspringen als ZOTTENSTÄMME von der Chorionplatte und ziehen direkt zur Basalplatte der Dezidua, wo sie sich als HAFTZOTTEN verankern. Sie geben außerdem zahlreiche ZOTTENÄSTE nach allen Seiten ab. Eine Gruppe von Zottenstämmen wird jeweils zu einem gut abgegrenzten Plazentarlappen = COTYLEDO zusammengefaßt.

Zwischen den Plazentarzotten und der mütterlichen Plazenta liegt der INTERVILLÖSE RAUM, durchflossen von mütterlichem Blut aus den Uterusgefäßen

Merke: Mütterliche Blutversorgung der Plazenta:

Zufluß über Verzweigungen der Art. uterina - Austritt in den intervillösen Raum - Umspülung der Plazentarzotten - Abfluß in die Uterusvenen der Basalplatte oder über den RANDSINUS (= intervillöser Raum am Plazentarand) in die Uterusvenen.

Kindlicher und mütterlicher Kreislauf sind immer getrennt !

Anmerkung für Fleißige:

In den letzten Schwangerschaftsmonaten kommt es zu einer Degeneration des Zottenepithels an einzelnen Stellen. Man findet dann eine glasig-helle (hyaline) Masse = FIBRINOID. Je nach der Lage kennt man (Abb. 48):

* 1. NITABUCH'scher Streifen = in der Basalplatte liegendes Fibrinoid. An dieser Stelle löst sich später die Plazenta nach Geburt des Kindes (sog. Nachgeburt).
* 2. ROHR'scher Streifen = Fibrinoidstreifen am Boden des intervillösen Raumes.
* 3. LANGHANS'scher Streifen = Fibrinoidablagerungen an der Chorionplatte oder an den Zotten.

Aufgaben der Plazenta

1. Stoffwechselorgan für die Aufnahme von Nährstoffen und die Abgabe von Stoffwechselendprodukten des Foeten.

2. Foetales Atemorgan, das Sauerstoff aus dem mütterlichen Blut aufnimmt und Kohlendioxyd abgibt.

3. Endokrines Organ mit Bildung von:
OESTROGENEN (Wachstum der mütterlichen Geschlechtsteile und der Brustdrüse; Sensibilisierung der Uterusmuskulatur zur Wehenauslösung beim Geburtsbeginn). Höchster Blutspiegel am Ende der Schwangerschaft !

PROGESTERON (hemmt die Ovulation weiterer Follikel; stellt Uterus in der Schwangerschaft ruhig; vergrößert die Brustdrüsenendstücke).

CHORIONGONADOTROPIN, das dem LH der Hypophyse in der Wirkung gleicht (Erhaltung des Gelbkörpers in den ersten Schwangerschaftsmonaten; Unterdrückung neuer Follikelreifungen). Der Blutspiegel ist im 2. Monat am höchsten und fällt dann ab. Neuere Kurzbezeichnung: HCG (= human chorionic gonadotropin).

RELAXIN (aus Plazenta und Ovar; bringt Uterusmuskel zur Erschlaffung und verhindert vorzeitige Wehen).

DIE EIHÄUTE

Aus der Abb. 46 ist ersichtlich, daß die Plazenta nur einen Teil der Uteruswand besetzt. Der Rest wird von den sogenannten EIHÄUTEN überzogen. Sie entstehen durch Verklebung der Dezidua parietalis mit den kindlichen Eihüllen (Amnion + Chorion laeve + Dezidua capsularis), wie aus Abb. 47 ersichtlich. Plazenta und Eihäute bilden einen Hohlraum = FRUCHTSACK (ursprünglich Amnionhöhle), in dem der Embryo im Fruchtwasser schwimmt. Er ist nur durch die Nabelschnur mit der Plazenta verbunden. Eihäute und Plazenta werden nach der Geburt des Kindes als NACHGEBURT unter Blutung vom Uterus abgelöst und ausgestoßen. An den ausgestoßenen Eihäuten sind 3 Schichten unterscheidbar:

1. Amnion (innerste Schicht) = kindliche Seite
2. Chorion (mittlere Schicht)
3. Dezidua (äußere Schicht) = mütterliche Seite

DIE NABELSCHNUR

Die Nabelschnur (Funiculus umbilicalis) verbindet den Fetus mit der Plazenta und enthält 2 Arteriae umbilicales und 1 Vena umbilicalis. Dazwischen liegt ein besonderes gallertiges Bindegewebe (WHARTON'sche Sulze), das aus dem Haftstiel hervorgeht. Amnionepithel bildet den äußeren Überzug. Normale Länge etwa 50-60 cm.

Die Produkte der Keimblätter

Die einzelnen Organe des Menschen sind niemals ausschließlich aus einem Keimblatt entstanden, sondern stellen immer eine Mischform aus allen drei Keimblättern dar. Das Bindegewebe (Stroma) der Organe stammt z.B. aus dem Mesoderm, ebenso die Blutgefäße, während die Nerven aus dem Ektoderm kommen. Aus diesem Grunde hat man eine Einteilung in entodermale, mesodermale oder ektodermale Organe nach den typischen Zellen und ihrer Abstammung vorgenommen. Nachfolgend eine Übersicht:

E K T O D E R M :

Epithel für
- äußere Haut sowie Abkömmlinge (Nägel, Haare, Talg-, Schweiß-, Tränen-, und Milchdrüsen)
- Nasen- und Mundhöhlenschleimhaut, Speicheldrüsen.
- After
- Vordere Urethra des Mannes
- Schamlippen der Frau

Alle Nervenzellen und deren Abkömmlinge
- Zentralnervensystem
- Periphere Nerven und Ganglien
- Autonomes Nervensystem
- Alle Gliazellen
- Nebennierenmark und Paraganglien
- Hypophysenhinterlappen (Neurohypophyse)

Sinneszellen
- Netzhaut und Pigmentepithel des Auges
- Sinneszellen des CORTI'schen Organs
  - Gleichgewichtsorgans
  - Geruchsorgans
  - einiger Geschmacksorgane
- Tast-, Druck- und Schmerzrezeptoren

Glatte Muskelzellen
- des M. sphincter et dilatator pupillae
- Myoepithelzellen der Schweißdrüsen

Adamantoblasten (Zahnschmelz)

Hypophysenvorderlappen (Adenohypophyse)

Augenlinse und Corneaepithel

E N T O D E R M :

Epithel für
- Schlund, Oesophagus, Magen, Duodenum, Dünndarm, Dickdarm, Rektum
- Kehlkopf, Trachea, Bronchien, Lungenalveolen

Mittelohr und Tuba Eustachii
Gallenblase und Gallengänge
Harnblase

Parenchymzellen für
Leber und Pankreas
Schilddrüse, Thymus, Epithelkörperchen
Prostata, Cowper'sche und Bläschendrüsen

M E S O D E R M :

Epithelzellen für
Nierentubuli
Nierenbecken, Ureter
Tube, Uterus und Vagina
Seröse Häute (Pleura, Pericard, Peritoneum)
Nebennierenrinde

Muskelzellen
der gesamten quergestreiften und glatten Muskulatur (Ausnahme Iris und Myoepithelzellen)

Binde- und Stützgewebe

Herz und Blutgefäße

Milz

Lymphorgane und Lymphgefäße

Sämtliche Blutkörperchen

Eigene Notizen:

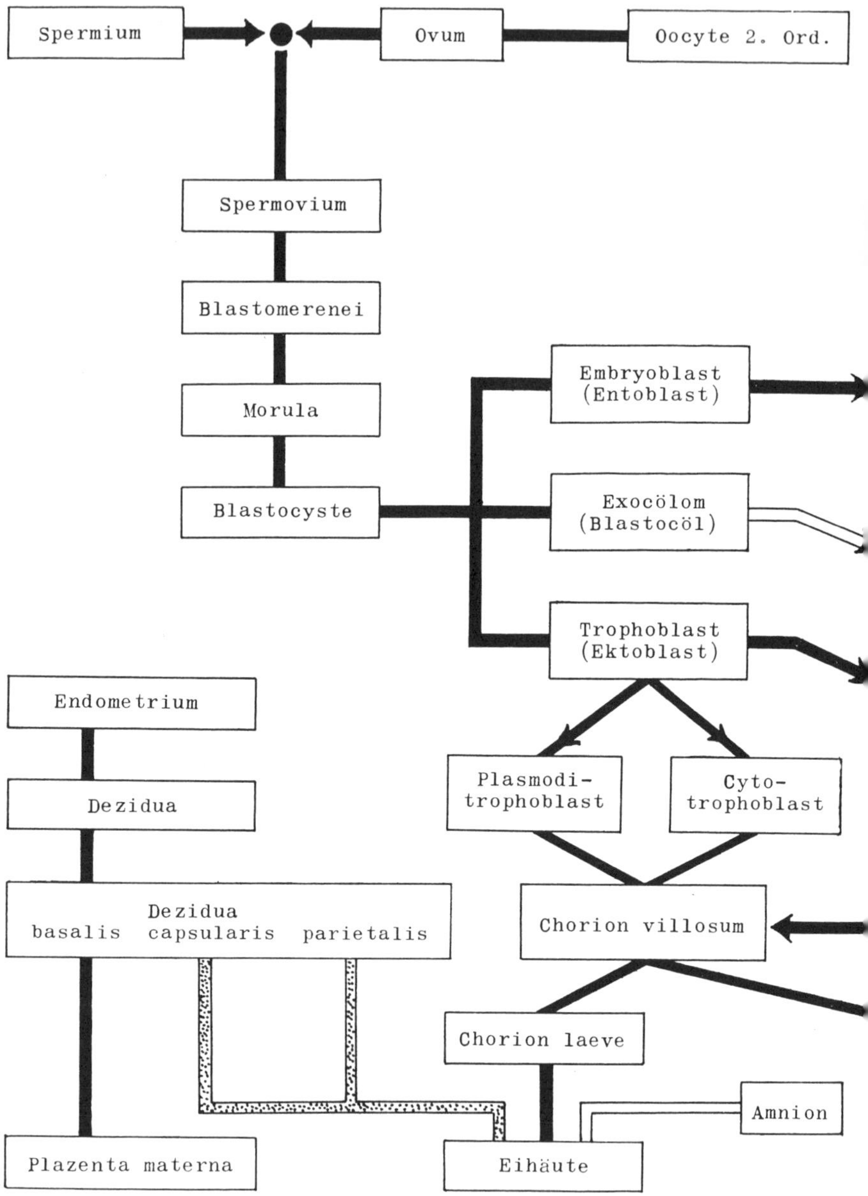
Spermium
Ovum
Oocyte 2. Ord.
Spermovium
Blastomerenei
Morula
Blastocyste
Embryoblast (Entoblast)
Exocölom (Blastocöl)
Trophoblast (Ektoblast)
Endometrium
Dezidua
Plasmodi-trophoblast
Cyto-trophoblast
Dezidua basalis capsularis parietalis
Chorion villosum
Chorion laeve
Amnion
Plazenta materna
Eihäute

 E

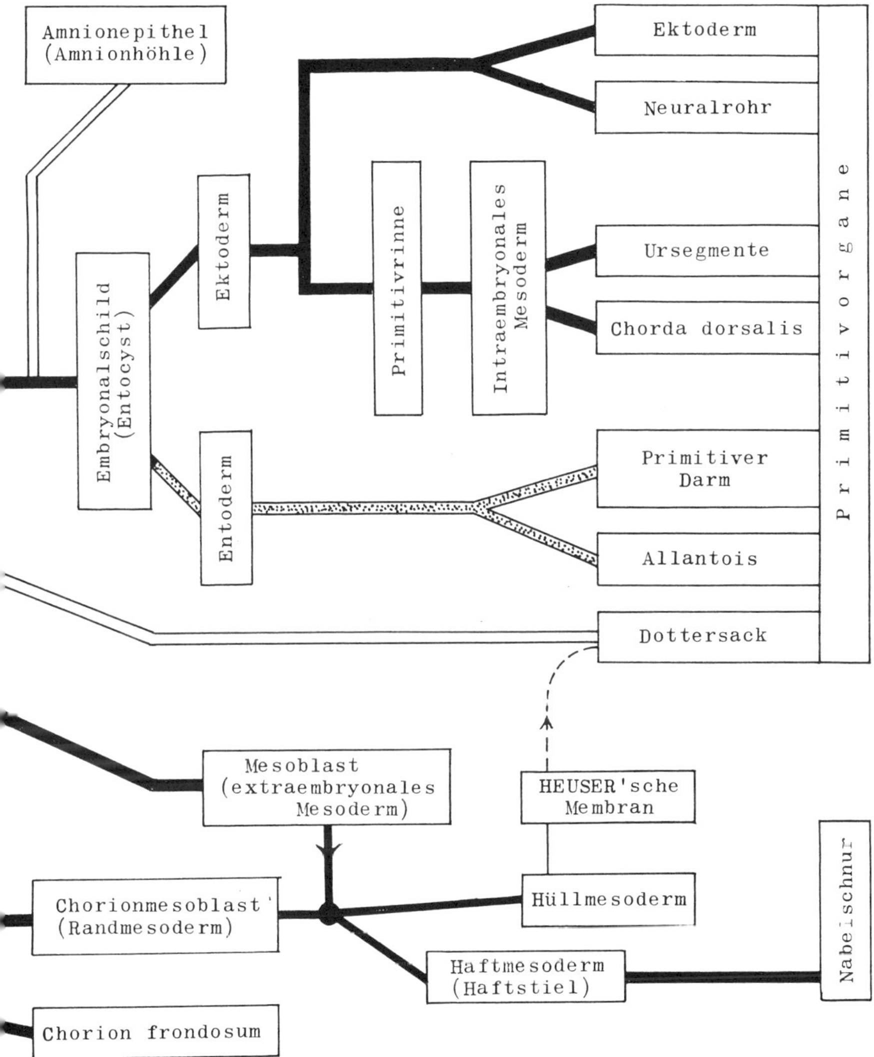

ÜBERSICHT

über die frühe Embryonalentwicklung

Die Entwicklung der Organe

A. Entodermale Organe

Unter entodermalen Organen versteht man die Körperteile, deren charakteristische und für die Hauptfunktion wichtigen Zellen aus dem Entoderm abzuleiten sind. Ausgangspunkt für die weitere Entwicklung sind die EPITHELZELLEN, wie sie

das PRIMITIVE DARMROHR

besitzt. Die Lage des primitiven Darmrohres ist aus der Abb. 43 auf Seite 40 zu erkennen. In der Abb. 49 wird dieses Darmrohr noch einmal isoliert von den übrigen Embryonalteilen dargestellt. Man kann hieran unterscheiden:

1. Kiemendarm oder Kopfdarm
2. Rumpfdarm
   a) Vorderdarm
      Oesophagus, Magen
      Atmungsorgane
   b) Mitteldarm
      Duodenum, Jejunum, Ileum
      Leber, Pankreas, Gallenblase
   c) Enddarm
      Caecum, Colon, Rectum
3. Schwanzdarm
   Bedeutungslos, wird frühzeitig rückgebildet.

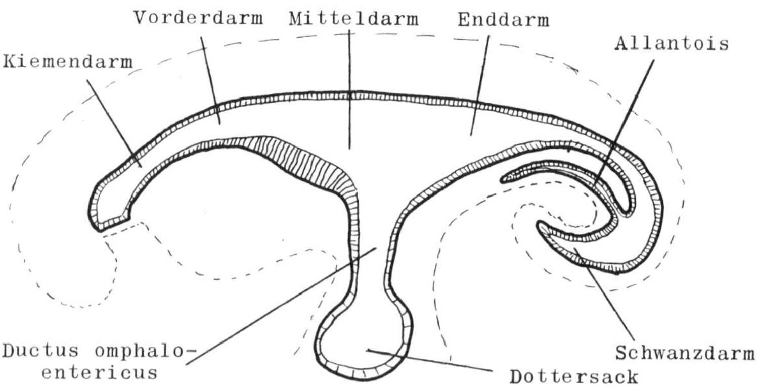

Abb. 49: Übersichtsschema über das primitive Darmrohr

Der Kiemendarm

Auf Abb. 50 wird der Kiemendarm dargestellt. Er ist das craniale Ende des primitiven Darmrohres und wird anfangs durch die primäre RACHENHAUT (Membrana bucco-pharyngica) verschlossen. Auf der rechten und linken Seite bilden sich bis zur 4. Embryonalwoche 5 Aussackungen, die

SCHLUNDTASCHEN oder KIEMENTASCHEN.

Die Bezeichnung „Kiementaschen" stammt aus der vergleichenden Entwicklungsgeschichte, weil bei den Fischen ähnliche Organe angelegt werden, die zu den definitiven Kiemen auswachsen. Beim Menschen wird dagegen die Kiemenregion völlig umgewandelt. Auf einem Flachschnitt durch die Schlundtaschen (Abb. 51) zeigt sich, daß jeder Schlundtasche eine Einziehung der äußeren Oberfläche entspricht und Hautwülste = Kiemenbögen oder S c h l u n d b ö g e n abteilt. Die Einziehungen (KIEMENFURCHEN) des Ektoderms berühren direkt das Schlundtaschenentoderm (als sog. Membrana obturans).

Der M e n s c h hat

5 S c h l u n d t a s c h e n,
wobei die 5. Tasche nur rudimentär und lediglich ein Anhängsel der 4. Tasche bleibt.

6 K i e m e n b ö g e n (Schlundbögen),
wobei der 5. und 6. nicht deutlich ausgebildet werden.

Die Schlundtaschen

Die Schlundtaschen bilden den Stammboden folgender Organe:

1. Schlundtasche	Paukenhöhle (Cavum tympani) Tuba pharyngo - tympanica (Eustachii)
2. Schlundtasche	Tonsilla palatina Teile der Schlundwand
3. Schlundtasche	
dorsale Zellen	2 Epithelkörperchen (caudale !)
ventrale Zellen	Thymus (Hauptanlage)
4. Schlundtasche	
dorsale Zellen	2 Epithelkörperchen (craniale !)
ventrale Zellen	zum Thymus (Nebenanlage)
5. Schlundtasche	Ultimobranchialer Körper

Der sog. Ultimobranchiale Körper ist lediglich ein bei niedrigen Wirbeltieren bis zu den Vögeln hin nachweisbares selbständiges Organ. Beim Menschen verschwindet dieser Körper meist. In seltenen Fällen entstehen aus ihm Cysten, die oft innerhalb des

Schilddrüsengewebes vorgefunden werden. Die Bedeutung des Ultimobranchialen Körpers ist unbekannt, eine endokrine Funktion bei Tieren wird vermutet.

Am Dach des Kiemendarmes liegt eine Ausbuchtung, die SEESSEL sche Tasche. In ihrem Gebiet entsteht später die Rachenmandel (Tonsilla pharyngica).

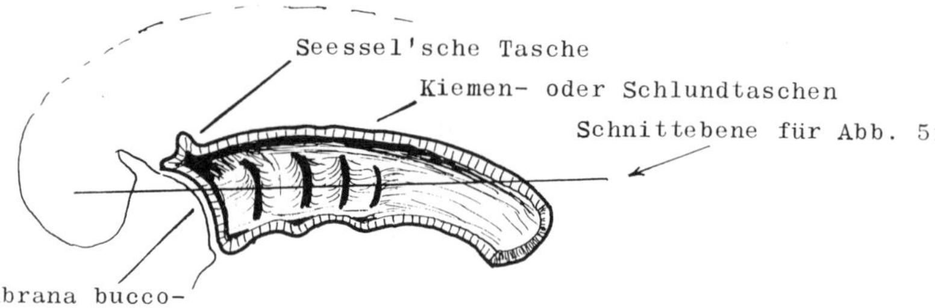

Abb. 50: Isolierte Darstellung des Kiemendarmes.

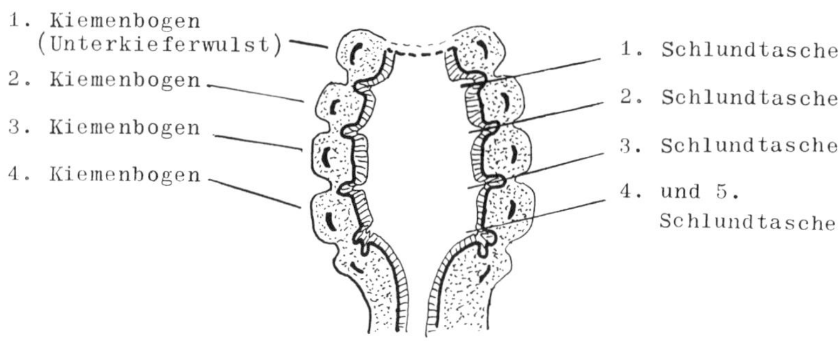

Abb. 51: Schnitt durch den Kiemendarm (vergleiche Abb. 50)

Die Schilddrüse

Die Schilddrüse entsteht aus dem Boden des Kiemendarmes. Diese Stelle ist später noch als Foramen caecum am Zungenrücken erkenntlich. Aus den dortigen Zellen wächst ein Zellstrang in die Tiefe:

der DUCTUS THYREOGLOSSUS.

Er löst sich schließlich vom Mundboden und bildet in Höhe des 3. Trachealknorpels die Schilddrüsenlappen. Der untere Anteil des Ductus wird zum Lobus pyramidalis der Schilddrüse, der Rest wird aufgelöst. Enventuelle Zellreste können im Gebiet des ehemaligen Ductus thyreoglossus liegenbleiben und dort sog. NEBENSCHILDDRÜSEN bilden (z.B. Zungenschilddrüsen in der Zungenwurzel).

Der Rumpfdarm

Aus dem Rumpfdarm gehen zwei wichtige Organsysteme hervor:

A. Die Atmungsorgane
B. Die Verdauungsorgane

A. Die Atmungsorgane

Das Respirationsorgan entsteht aus dem Entoderm direkt unter der 4. Schlundtasche aus dem dortigen

LUNGENFELD. Vom Lungenfeld wächst ein Epithelzapfen nach ventral aus. Er wird zunehmend ausgehöhlt und damit zur sogenannten

LUNGENRINNE (Laryngotrachealrinne). Die Grenze zum Entodermrohr heißt Septum oesophagotracheale. An dem Epithelzapfen zeigen sich sehr schnell zwei seitliche Auswüchse, die

LUNGENSÄCKCHEN (oder primäre Lungenknospen). Ihre Spitzen heißen

STAMMKNOSPEN und sind die Anlagen der Hauptbronchien. An ihnen entstehen die

SEITENKNOSPEN, zwei an der rechten Stammknospe, eine an der linken. Damit sind die Anlagen für die Lungenlappen erkennbar:

3 Lappenbronchien rechts
2 Lappenbronchien links.

Durch dichotome Teilung (Teilung in zwei gleichwertige Äste) entstehen anschließend die kleineren Bronchien des späteren Bronchialbaumes.

Der Kehlkopf und die Luftröhre

Sie entstehen aus dem Abgangsgebiet der Lungenanlage vom primitiven Darm. Die späteren Kehlkopfknorpel entstammen dem Material der Schlundbögen (Kiemenbögen).

Schildknorpel: aus dem 4. und 5. Schlundbogen
Ringknorpel: aus dem 5. Schlundbogen

Die Aryknorpel sowie die Kehlkopfmuskulatur werden aus dem benachbarten Mesodermmaterial angelegt.

Das Epithel der Luftröhre bildet sich aus dem Verbindungsstück zwischen Kehlkopfanlage und Stammknospen. Es enthält zunächst nur mehrreihiges Zylinderepithel; später wird das bleibende Flimmerepithel angelegt. Die Trachealknorpel und die Muskulatur entstammen dem anliegenden Mesoderm.

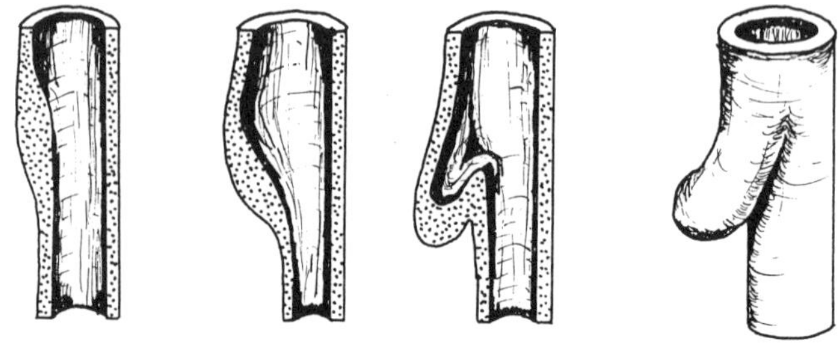

Lungenfeld Lungenrinne Bildung der Stammknospen

Abb. 52 a: Dorso-ventraler Schnitt durch den Vorderdarm während der Lungenentwicklung

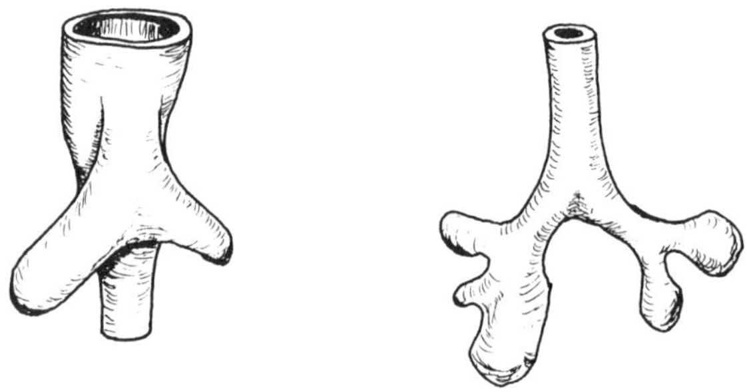

Stammknospen Seitenknospen

Abb. 52 b: Ventrale Ansicht der Lungenanlage

Die Lungen

Bis zum 6. Schwangerschaftsmonat wird der Bronchialbaum angelegt. Erst dann entstehen an den Enden der feinsten Bronchien die ALVEOLEN als drüsenartige Epithelzapfen mit kubischem Epithel. Während des ganzen intrauterinen Lebens bleibt der Drüsencharakter erhalten. Nach der Geburt kommt es bei den ersten selbstständigen Atemzügen des Kindes zu einer Aufblähung der Alveolen und zur

embryonale Alveole Alveole beim Neugeborenen

Abb. 53: Veränderungen der Alveolarstruktur

Ausprägung der bekannten Alveolarsäckchen (Ductuli alveolares) unter Abflachung des Epithels (Abb. 53). Es gibt daneben aber auch die begründete Meinung, daß in den letzten Schwangerschaftsmonaten ein Teil der Epithelzellen degeneriert und sich der Rest zu flachen Alveolardeckzellen ausbreitet. Hiernach ist also die Abflachung nicht eine Folge der Beatmung, sondern Ergebnis eines UMBAUVORGANGES.

Neben den epithelialen Anteilen aus dem Entoderm sind die Bindegewebsanteile aus dem Mesoderm für die Organstruktur von wesentlicher Bedeutung. Sie liefern die Knorpel und Muskeln für die Bronchien, sowie das Bindegewebe der Pleura visceralis und die Lungengefäße. Stammboden ist das Zellmaterial der visceralen Mesodermplatte, das dem Entodermrohr anliegt.

B. Die Verdauungsorgane

Das Epithel der Schleimhäute stammt vom Entoderm, die glatte Muskulatur, sowie das Bindegewebe und das Gekröse (Mesenterien usw.) dagegen sind Differenzierungen des visceralen Mesodermblattes (Splanchnopleura, siehe später).

OESOPHAGUS

Der Oesophagus entsteht aus dem Anteil des primitiven Darmes, der caudal von den Kiemenbögen und dorsal der Lungenanlage liegt. Sein Epithel wuchert z.T. sehr stark und verschließt an manchen Stellen das Lumen. Sekundär werden nun einzelne Lücken durch Zellzerfall sichtbar, die schließlich wieder ein durchgängiges Rohrlumen ergeben. Hemmungen dieser sekundären Lumenbildung können Anlaß sein für die angeborenen Oesophagusverschlüsse (Oesophagusatresien). Länge des Oesophagus beim Neugeborenen 10 cm.

Die Speiseröhrenmuskulatur differenziert sich aus dem umliegenden Mesoderm.

Beachte: Merkwürdigerweise wird aus einem gleichartigen MUTTERGEWEBE im cranialen Drittel quergestreifte, in den caudalen zwei Dritteln dagegen glatte Muskulatur entwickelt.

Der Magen und Darm

Der Magen entsteht aus dem Entoderm unterhalb der Oesophagusanlage. Die Magenanlage ist vom visceralen Blatt des Mesoderms umhüllt und liegt ebenso wie das übrige Entodermrohr (Abb. 43) in der Längsachse des Körpers. Diese Situation wird noch einmal durch Abb. 54 erläutert. Nun schließen sich Wachstumsvorgänge an, die als

M A G E N D R E H U N G E N

bezeichnet werden. Vergleiche hierzu das Schema Abb. 55. Merke die 2 Bewegungen:

1. Rechtsdrehung:

■ Der Magen dreht sich um die Längsachse nach rechts.

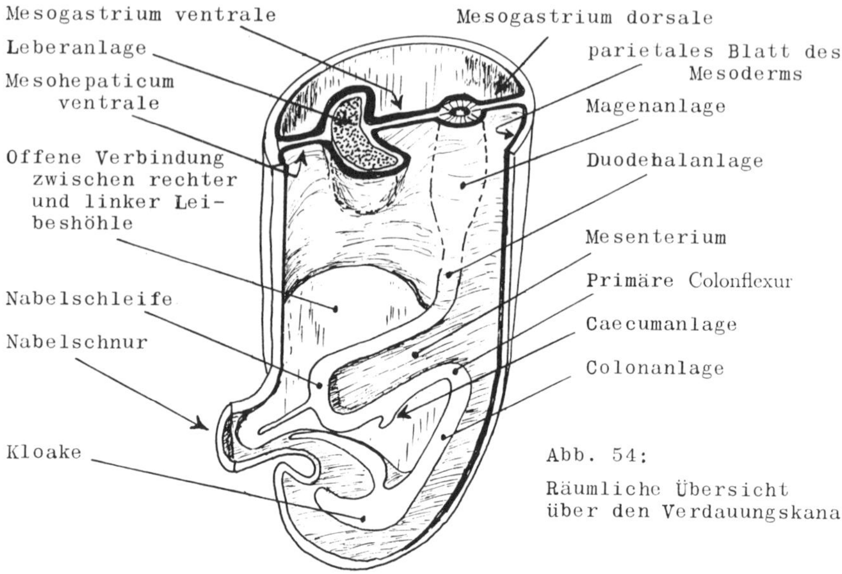

Abb. 54:
Räumliche Übersicht über den Verdauungskanal

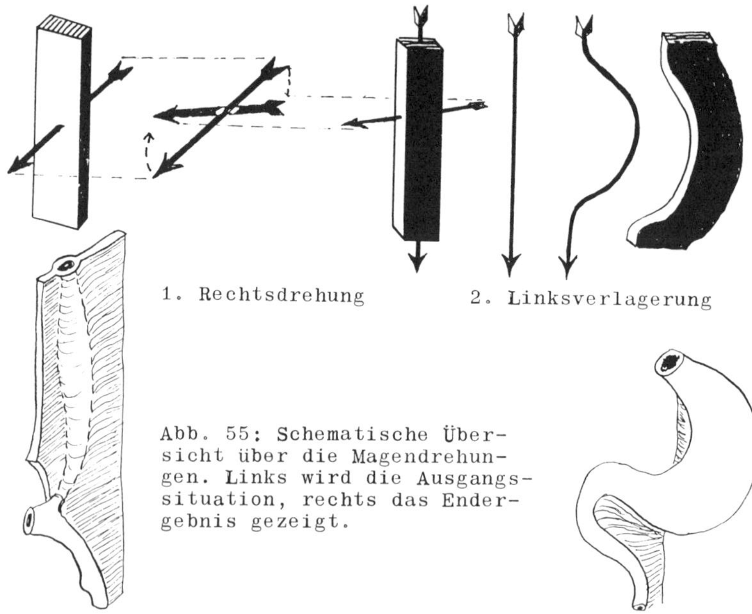

Abb. 55: Schematische Übersicht über die Magendrehungen. Links wird die Ausgangssituation, rechts das Endergebnis gezeigt.

Dadurch kommt die linke Seite nach ventral und die rechte Seite nach dorsal.

2. Linksverlagerung:

Die LÄNGSACHSE wird nach links hin ausgebuchtet. Dadurch wird die ehemalige Vorderseite zur kleinen Kurvatur und die ehemalige Hinterseite zur großen Kurvatur.

Während der Magendrehungen wächst das Entoderm der späteren großen Kurvatur besonders stark und bewirkt damit die Formgebung des Fundus und Corpus ventriculi. Die Drehungen erklären auch, weshalb der linke Nervus vagus die Vorderseite und der rechte N. vagus die Hinterseite des Magens versorgt.

Die DÄRME gehen aus dem Mittel- und Enddarm unterhalb der Magenanlage hervor. Anfangs erstreckt sich das Darmrohr wie auf Abb 54 gezeigt in der Längsachse. Gegenüber dem Nabelschnuransatz liegt

die NABELSCHLEIFE (Primäre Darmschleife),

von der der Ductus omphalo-entericus abgeht und in die Nabelschnur hinein zum Rest der Dotterblase zieht. Beim Erwachsenen noch können Reste dieses Ductus als sog. MECKEL'sches Divertikel am Ileum etwa 60-80 cm vom Caecum entfernt gefunden werden (Häufigkeit etwa 2 %).

Die Nabelschleife zeigt:

den cranialen Schenkel = Dünndarmanlage
den caudalen Schenkel = Dickdarmanlage
die obere Biegung = spätere Flexura duodeno-jejunalis
die untere Biegung = Primäre Colonflexur, spätere Flexura coli sinistra (Lienalis)

Das Caecum entsteht als Aussackung am caudalen Schenkel.

DAS DUODENUM

entsteht zwischen Magenanlage und Nabelschleife. Die übrigen Darmteile machen die sogenannten

D a r m d r e h u n g e n

mit. Vergleiche hierzu das Schema Abb. 56. Zum besseren Verständnis empfehle ich ein Stück Draht zu nehmen und an ihm die auf Abb. 56 gezeigten Drehungen nachzubiegen:

1. Drehung :

Die NABELSCHLEIFE dreht sich um 90^0 entgegen dem Uhrzeigersinn. Der craniale Dünndarmschenkel liegt jetzt rechts, der Dickdarmschenkel links.

2. Drehung:

Erneute Drehung um weitere 90^0 auf insgesamt 180^0. Dadurch gelangt die Dickdarmanlage nach oben, auch die pri-

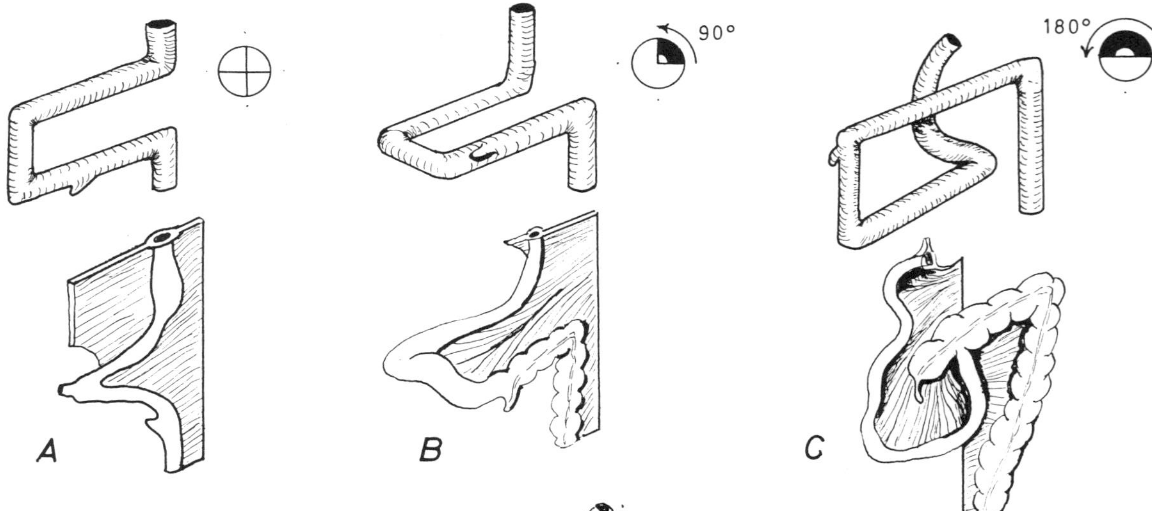

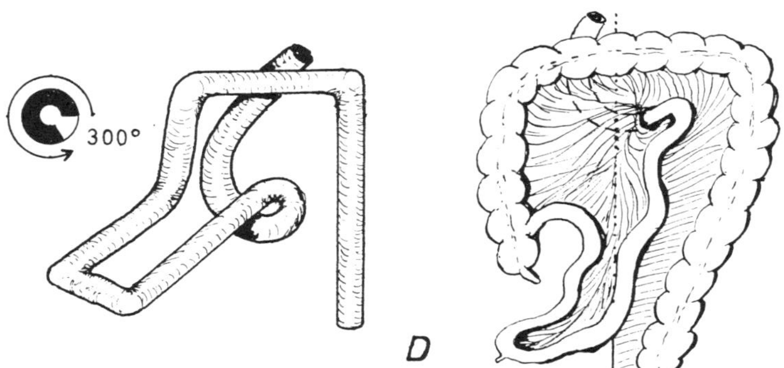

Abb. 56: Schema der Darmdrehungen.
Kombination eines Drahtbiegemodells mit den topographischen Bildern der embryonalen Darmbildung. (z.T. nach GROSSER)

A: Ausgangssituation

B: 1. Drehung C: 2.Drehung

D: 3. Drehung in die endgültige Lage.

märe Colonflexur wächst über die Höhe der Flexura duodenojejunalis. Die Caecumanlage liegt jetzt im Bereich der späteren Milz.

3. Drehung:

Die Schleife dreht sich erneut auf insgesamt 300°. Dadurch wird der Dickdarmschenkel auf die rechte Seite hinübergezogen. Das Caecum liegt jetzt unterhalb der Leber.

Durch Wachstum des Colons wandert das Caecum wieder abwärts und bildet damit das spätere Colon ascendens. Am Ende der 1. Darmdrehung tritt für den erheblich in die Länge wachsenden Darm ein gewisser Platzmangel innerhalb der embryonalen Leibeshöhle auf und es wird ein Teil des Dünndarms in das Nabelschnurcölom als sog. p h y s i o l o g i s c h e r NABELBRUCH verlagert. Auf Abb. 54 ist zu erkennen, daß die Bauchhöhle (Cölom) mit einem Fortsatz in die Nabelschnur reicht (Nabelschnurcölom). Dieser Platz wird vorübergehend von den Dünndarmschlingen bruchsackartig ausgefüllt. Bereits im 3. Embryonalmonat wird aber dieser "Bruch" wieder reponiert. Die gesamte 2. Darmdrehung findet in diesem Bruchsack statt!

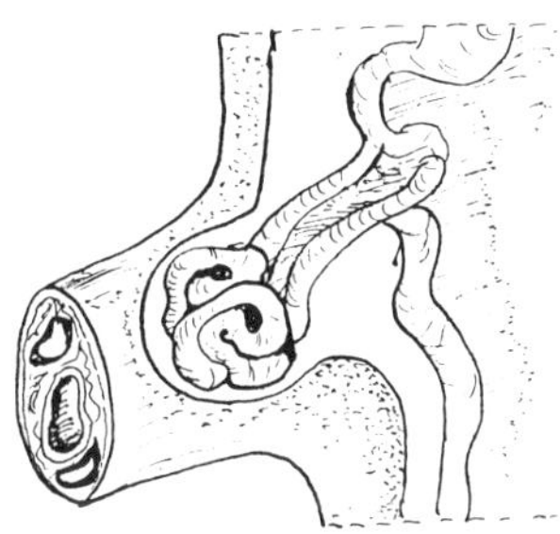

Abb. 57: Physiologischer Nabelbruch

Die Ursachen für die Darmdrehung sind unbekannt. Man vermutet einen steuernden Einfluß des Duodenums.

Vom 4. Embryonalmonat ab findet sich im Darm eine dunkle grünbraune Masse von klebriger Konsistenz, das KINDSPECH oder MEKONIUM. Der Name stammt von ARISTOTELES (384-322 v. Chr.) und wurde wegen der Ähnlichkeit mit eingedicktem Mohnsaft (= Mekon) gewählt. Das Mekonium besteht aus eingedicktem Gallensaft, Darmepithelien und verschlucktem Fruchtwasser. In späteren Monaten sind bereits Darmfermente hierin nachweisbar.

Die Tela submucosa, Tunika muscularis propria, Tunika serosa und die Bindegewebsteile der Mukosa entstehen aus dem visceralen Blatt des Mesoderms. Das Zottenbild der Darmschleimhaut entsteht aus kleinen mesodermalen Fortsätzen, die das Epithel vor sich herschieben. Die Krypten dagegen werden aus Entodermknospen, die sich in die Tiefe senken, ausdifferenziert (Abb. 58). Embryonal hat auch der Dickdarm Zotten, die aber immer mehr eingeebnet werden, bis schließlich nur die Krypten mit typischer Dickdarmanordnung verbleiben.

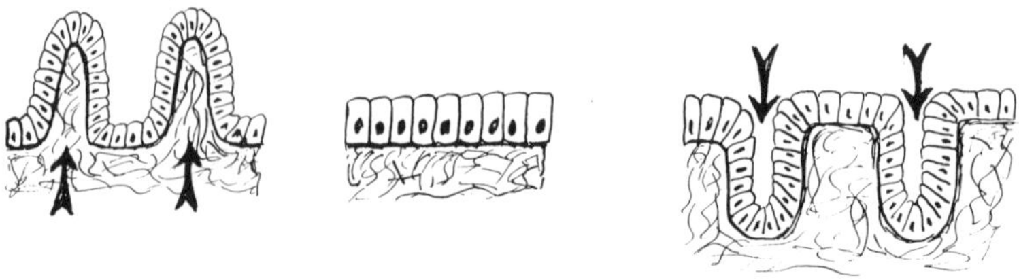

Zottenbildung Ausgangsbild (Entodermepithel) Kryptenbildung

Abb. 58: Entstehung des Darmreliefs.

Der Enddarm

Der Enddarm ist das caudal der primären Colonflexur liegende Stück des Entoderms. Seine Lage ist aus Abb. 54 ersichtlich. Eine vergrößerte Darstellung zeigt die Abb. 59 mit folgenden Teilen:

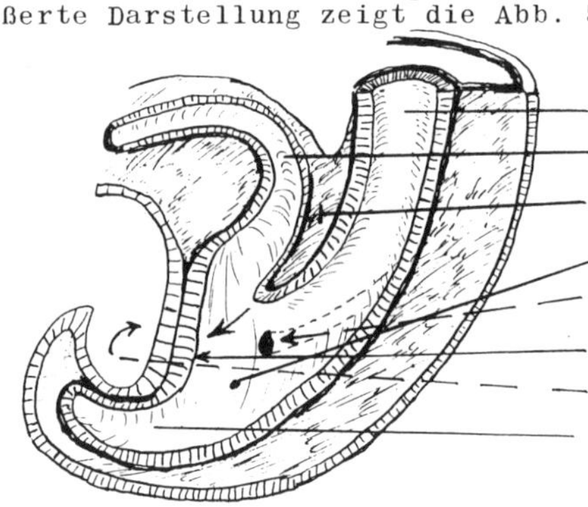

Abb. 59: Schema des Enddarmes und der Kloake

Die Kloake ist anfänglich ein Hohlraum, in den von beiden Seiten eine Gewebsfalte einwächst (Plica urogenitalis); beide Falten verschmelzen in der Mitte zum SEPTUM URORECTALE Dieses Septum wächst auf die Kloakenmembran zu, verschmilzt mit ihr und unterteilt die Kloake in zwei Abschnitte (Abb. 59):

1. ventraler Abschnitt =

Anlage für Harnblase, Harnröhre, Sinus urogenitalis
Verschlossen durch die Membrana urogenitalis (oberer Anteil der Kloakenmembran), von außen als Urogenitalgrube erkenntlich

2. dorsaler Abschnitt =

Anlage des Rektums.
Verschlossen durch die Membrana analis (unterer Anteil der Kloakenmembran), außen als Analgrube erkennbar.

Die Kloakenmembran ist eine dünne Haut, durch Verklebung des Ekto- und Entoderms entstanden. Im 2. Embryonalmonat reißt ihr oberer Anteil (Membrana urogenitalis) ein und bildet das ORIFICIUM UROGENITALIS (siehe Urogenitalorgane). Der untere Teil (Membrana analis) reißt ebenfalls ein und bildet den primären AFTER.

Die Leber

Die großen Darmanhangsdrüsen Leber und Pankreas entstehen aus dem Entoderm des embryonalen Duodenum aus dem dortigen sog.

hepato-pankreatischen Ring.

Bei der weiteren Betrachtung gehen wir vom Zustand auf Abb.43 aus. Unmittelbar unter der Magenanlage entsteht aus dem Entoderm das

LEBERFELD

Es wölbt sich nach außen vor und heißt dann

LEBERBUCHT (Abb. 60).

Sie besteht aus
a) pars hepatica (oberer Anteil)
b) pars cystica (unterer Anteil).

a) aus der pars hepatica

wachsen zahlreiche Zellbalken tief in das Mesogastrium ventrale ein und bilden einen sogenannten MITTELLAPPEN der Leber. Er unterteilt das Meso in das

Mesohepaticum ventrale und
Omentum minus.

Einzelheiten siehe Kapitel "Mesenterien". Mit weiterem Wachstum erscheinen am Mittellappen 2 Seitenlappen, von denen besonders der rechte im Wachstum überwiegt und so die Asymmetrie der späteren Leber bedingt.

Histologisch besteht die Leberanlage zunächst aus Zellbalken, in denen bereits im 1. Embryonalmonat Spalträume = Gallenkapillaren auftreten. Die Lebersinusoide (weitlumige Leberkapillaren) entstehen im mesenchymalen Gewebe des Mesogastrium ventrale und werden von den Leberzellbalken umwachsen. Weiteres über die Lebergefäße im Kapitel "Gefäßsystem". Die mesodermalen Anteile der jungen Leber haben vom 3. bis zum 7. Monat die Fähigkeit der Blutbildung (hepato-lienale Phase der Blutbildung).

b) aus der pars cystica

entsteht das Epithel der Gallenblase und der Ductus cysticus. Der Ductus choledochus ist der Rest der Leberbucht und geht anfangs genau ventral vom Duodenum ab.

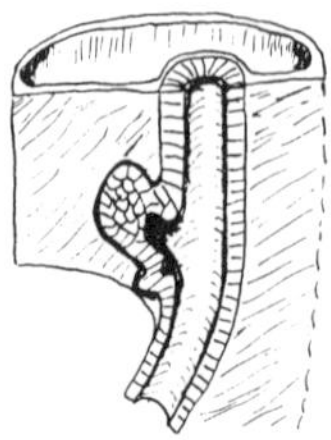

Mesenterium

Leberbucht

Leber

Gallenblase

ventr. Pankreas

dors. Pankreas

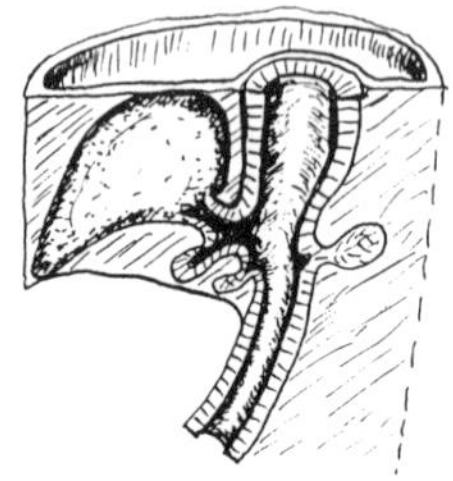

Abb. 60: Leberbucht

Abb. 61: Pankreasanlage

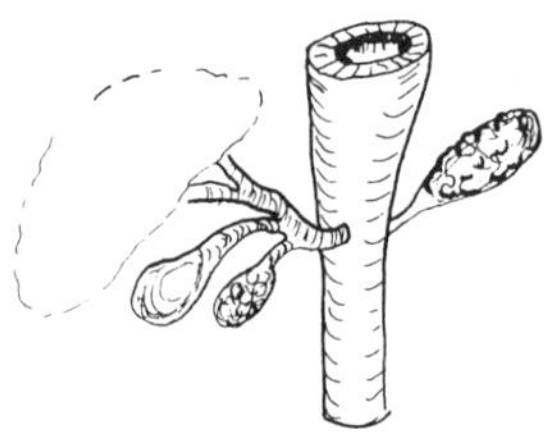

Abb. 62: Die beiden Pankreasanlagen, Ductus hepato-pancreaticus und Gallenblase

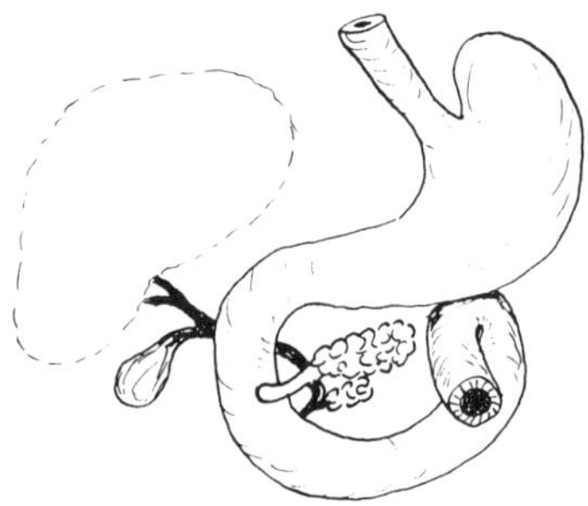

Abb. 63: Pankreaslage nach den Magen- und Darmdrehungen

Abb. 64: Verklebung der beiden Pankreasanlagen und die Ausbildung des Pankreasganges (in Anlehnung an CLARA)

Das Pankreas

Die Bauchspeicheldrüse entsteht aus dem hepato-pankreatischen Ring in Höhe der Leberbucht. Es finden sich (Abb. 61):

2 Anlagen — 1 dorsale Pankreasanlage (Hauptmasse)
— 1 ventrale Pankreasanlage

Beachte: Bei Tieren gibt es 2 ventrale und 1 dorsale Anlage. Beim Menschen werden nur in Ausnahmefällen 2 ventrale Anlagen beobachtet, von denen aber nur die rechte zur Ausreifung kommt (Boenig).

Die Pankreasanlagen sind anfänglich Epithelzapfen des Entoderms und wachsen in das Mesogastrium ein. An ihrem Ende entspringen bald Drüsenbäumchen, während der ursprüngliche Zapfen zu einem Ausführungsgang wird. Der Gang der ventralen Anlage kann mit dem darüberliegenden Ductus choledochus verkleben, so daß ein gemeinsamer DUCTUS HEPATO-PANCREATICUS besteht. Nun erfolgen sehr wichtige Ortsveränderungen, die zur gleichen Zeit wie die Magendrehungen und im Zusammenhang mit ihnen erfolgen:

1. Das Duodenum verdreht sich im oberen Anteil schraubenförmig, weil die linke Wand stärker wächst als die rechte. Dabei wird die
ursprüngliche Rückseite = linke (mediale) Seite und die
ursprüngliche Vorderseite = rechte (laterale) Seite.

Der untere Anteil bleibt dagegen in seiner ursprünglichen Lage, so daß insgesamt eine Verdrehung entsteht.

2. Gleichzeitig mit der Verdrehung wird aus dem geraden Darmrohr wegen der gleichzeitig erfolgenden Linksverlagerung des Magens das C-förmig gebogene Duodenum.

Die Pankreasanlagen machen die Duodenumdrehungen mit:

1. Das dorsale Pankreas
kommt aus seiner dorsalen Lage nach links lateral.

2. Das ventrale Pankreas
gelangt mit dem Ductus choledochus (bzw. dem gemeinsamen Ductus hepato-pancreaticus) aus der ventralen Lage zunächst nach rechts lateral und weiter nach dorsal.

Die Ausgangssituation und das Ergebnis zeigt die Abb. 62 und 63. Beide Pankreasanlagen verwachsen miteinander und die beiden Ausführungsgänge werden innerhalb des Drüsenkörpers verbunden (bereits im 2. Monat). Die Hauptdrüsenmasse stammt aus dem dorsalen Anteil, während der ventrale Anteil nur etwas Gewebe für den Pankreaskopf beisteuert (Processus uncinatus).

ÜBERSICHT

über die Bildungen des Entoderms

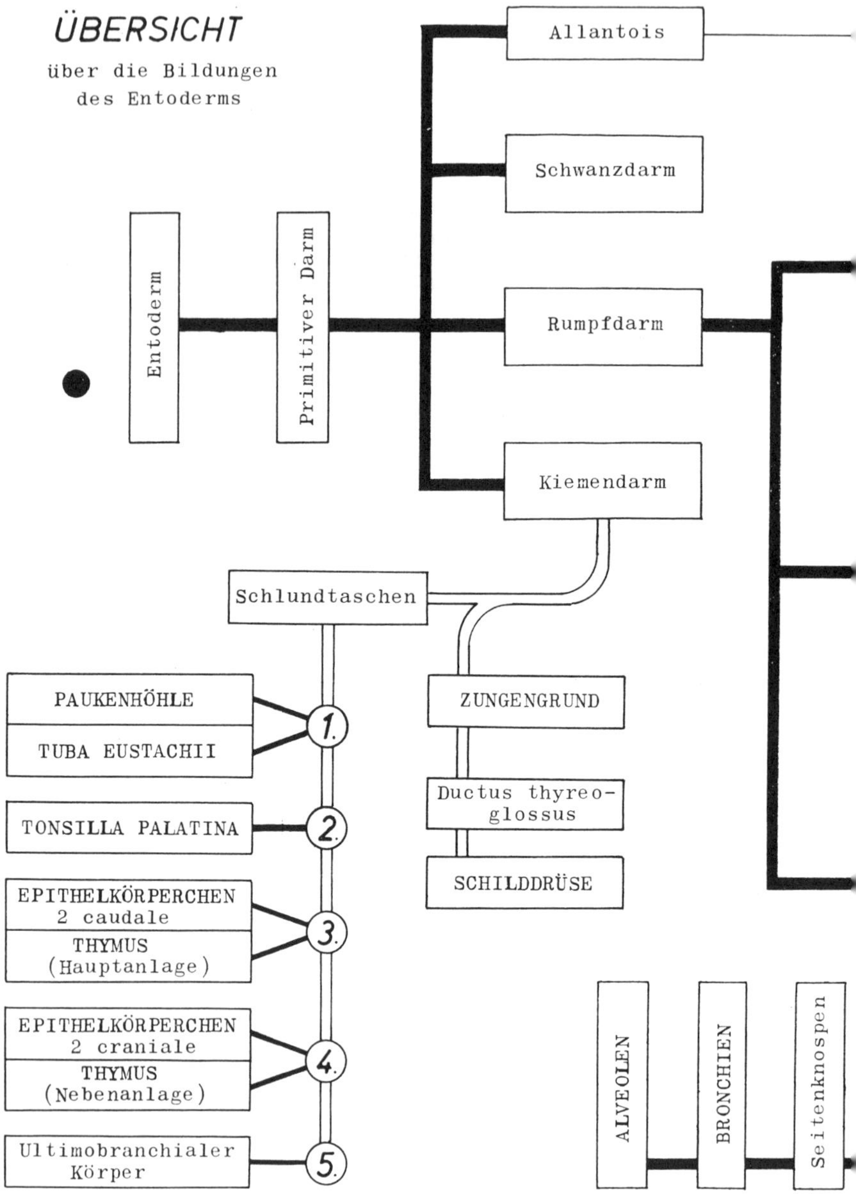

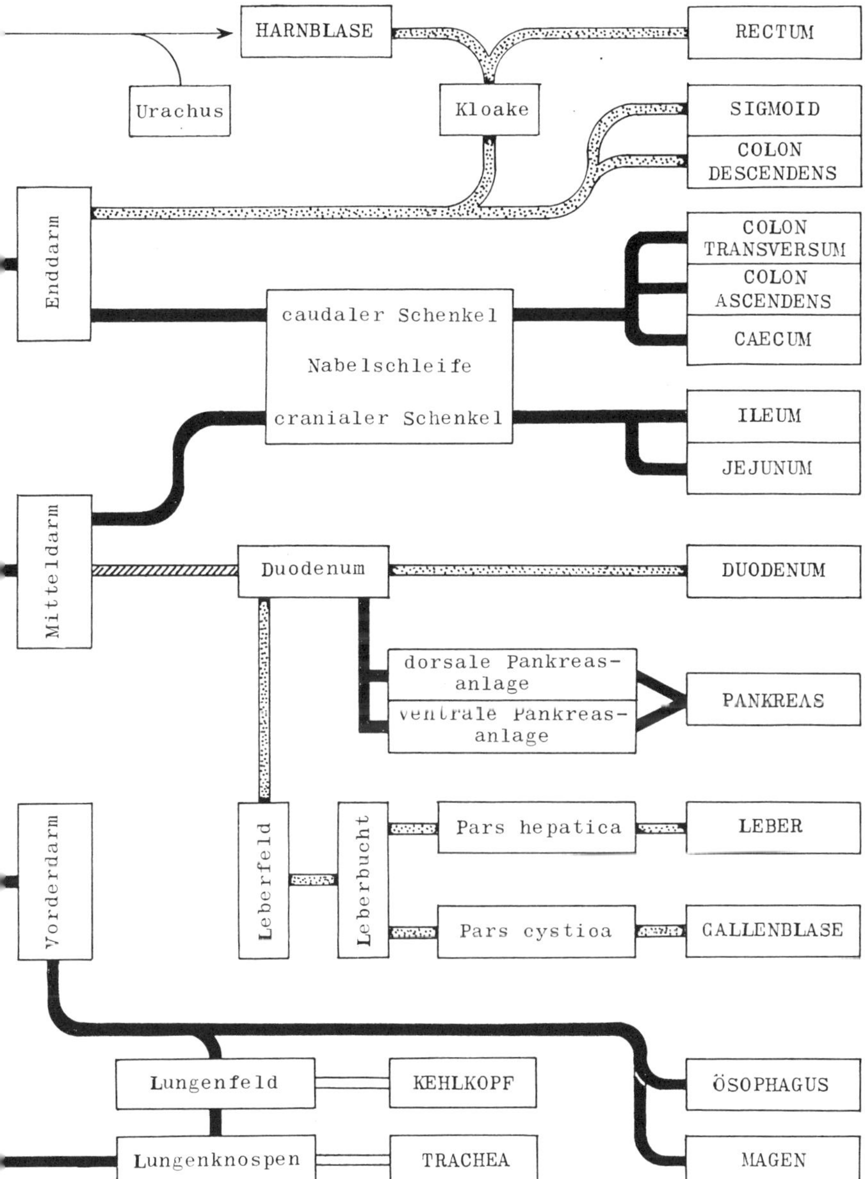
HARNBLASE
RECTUM
Urachus
Kloake
SIGMOID
COLON DESCENDENS
Enddarm
COLON TRANSVERSUM
COLON ASCENDENS
caudaler Schenkel
Nabelschleife
cranialer Schenkel
CAECUM
ILEUM
JEJUNUM
Mitteldarm
Duodenum
DUODENUM
dorsale Pankreas-anlage
ventrale Pankreas-anlage
PANKREAS
Vorderdarm
Leberfeld
Leberbucht
Pars hepatica
LEBER
Pars cystica
GALLENBLASE
Lungenfeld
KEHLKOPF
ÖSOPHAGUS
Lungenknospen
TRACHEA
MAGEN

E

Ductus pancreaticus major (Wirsungi)
ist der Ausführungsgang der ursprünglichen ventralen Pankreasanlage. Der dorsale Gang wird meistens rückgebildet.

Ductus pancreaticus minor (Santorini)
kommt manchmal vor und ist dann der Rest des nicht zurückgebildeten dorsalen Pankreasganges.

Anmerkung: Bei manchen Tieren ist die Rückbildung der Gänge umgekehrt.

Die Langerhans'schen Inseln entstehen im 4. Monat aus Epithelzapfen des dorsalen Pankreasganges. Sie verlieren den Zusammenhang mit dem Gangsystem und werden isolierte Zellhaufen. Bereits im embryonalen Leben wird Insulin gebildet. Die Menge kann bei Bedarf so groß werden, daß bei der Mutter ein eventueller Diabetes mellitus wesentlich gebessert wird.

Bindegewebsverhältnisse: siehe Mesenterien.

Eigene Notizen:

B. Mesodermale Organe

Das Baumaterial für diese Organe stammt aus einem der mesodermalen Primitivorgane:

Ursegmente
Ursegmentstiele
Seitenplatten

Die Herkunft zeigen die Abb. 40 und 41. Eine Übersicht findet sich Seite 50.

I. Die Ursegmente

Die Ursegmentbildung beginnt in der 3. Embryonalwoche im Bereich des späteren Hinterhauptes und schreitet allmählich schwanzwärts fort bis ca. 42 bis 44 Ursegmente vorhanden sind. Nur das Rumpfmesoderm zeigt diese metamere Gliederung (= Aufteilung in gleichartige Abschnitte), das Kopf- und Schwanzmesoderm bleibt dagegen ungegliedert.

An den Ursegmenten erfolgen wichtige Umlagerungen (Abb. 65). Ein Ursegment sieht grob schematisch wie ein Kasten aus. Aus der medialen und ventralen Wand lösen sich Zellen ab und wandern zum Neuralrohr und zur Chorda dorsalis hin. Sie heißen

MESENCHYMZELLEN:

Sternförmig verzweigt, mit zahlreichen feinen Fortsätzen; netzartiger Zellverband. In den Interzellularräumen liegt eine gallertig-flüssige Grundsubstanz.

Der Name "Mesenchym" stammt aus dem Griechischen und bedeutet "das Dazwischengegossene". Die Zellen des Mesenchyms sind pluripotente Zellen, d.h. sie können sich zu verschiedenen anderen Zellarten umwandeln. Die Bezeichnung "embryonales Bindegewebe" hierfür ist ungenau; man muß vielmehr von einem BLASTEM (Muttergewebe) sprechen.

Die auswandernden Mesenchymzellen lagern sich zunächst haufenförmig am Neuralrohr und an der Chorda dorsalis an. Jede Anhäufung heißt

● Sklerotom (Skleromere)

und ist wiederum ein wichtiges Blastem für die späteren Anlagen der Wirbel (siehe später).

Der Rest des Ursegmentes sieht jetzt wie ein auf der Seite liegendes Hufeisen aus. Der obere Rand biegt sich nach unten um und wächst in die Länge. Vergleiche jetzt die Abb. 66. Darauf ist im Querschnitt erkennbar, daß die herabwachsenden Zellen eine Zellplatte aufbauen. Sie heißt:

● Myotom (Myomere, Muskelsegment):

Seine Zellen bilden in ihrem Cytoplasma feinste Fibrillen

Abb. 65: Schema der beginnenden Auflösung der Ursegmente.

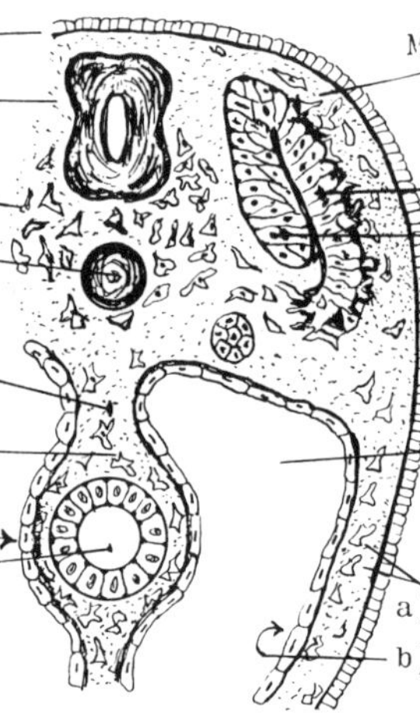

Abb. 66:
Umbildung der Ursegemente

---

aus und werden dadurch zu Muskelbildungszellen = MYOBLASTEN. Sie sind die erste Anlage der späteren quergestreiften Rumpf- und Extremitätenmuskulatur. Da jedem Ursegment auch ein Myotom entspricht, ist auch diese Muskelanlage anfangs metamer gegliedert.

Eine metamere Gliederung in Myomere findet man bei einigen Tieren, z.B. in der Schwanzmuskulatur der Schwanzlurche (Molch), während des ganzen Lebens.

Die laterale Ursegmentwand legt sich der Myotomplatte an und heißt jetzt

● CUTISPLATTE (Hautplatte, Dermatome).

Sie besteht aus großen Zellen. Am dorsalen Rand biegt sie sich um und geht in die Muskelplatte über. Alle Zellen der Cutisplatte wandeln sich nacheinander in Mesenchymzellen um, bis die ganze Platte aufgelöst ist. Die neuen Mesenchymzellen breiten sich unter dem Ektoderm aus und sind die Stammzellen für das spätere Unterhautbindegewebe des Rumpfes.

II. Die Ursegmentstiele

Die Ursegmentstiele sind ein sehr wichtiges mesodermales Stammmaterial. Ihre Differenzierung wird unter den Urogenitalorganen beschrieben.

III. Die Seitenplatten

Auf Seite 39 wurde beschrieben, wie in der unsegmentierten Seitenplatte des Mesoderms durch Spaltbildung ein Hohlraum, das

Coelom (Leibeshöhle)

auftritt. Es unterteilt die Seitenplatte in

1. die Somatopleura
   oder das parietale Blatt, und
2. die Splanchnopleura
   oder das viscerale Blatt.

DIE SOMATOPLEURA

Sie besteht aus einer mehrzelligen Schicht und liegt dem Ektoderm unmittelbar an. Ein Teil ihrer Zellen beginnt sich aus dem Zellverband zu lösen und wird zu Mesenchymzellen. Sie wandern unter das Ektoderm und bilden dort die Stammzellen für das Bindegewebe der Bauch- und Flankenseiten des Körpers sowie der Extremitäten. Die restlichen Zellen verbleiben in einem geschlossenen Zellverband und bilden das sog. parietale COELOMEPITHEL. Später entstehen hieraus die parietalen Blätter des Peritoneums und der Pleura.

DIE SPLANCHNOPLEURA

legt sich dem primitiven Darm eng an und bildet einen Aufhängeapparat (Gekröse = Mesenterium) für ihn. Die dem Entodermepithel anliegenden Zellen der Splanchnopleura bilden sich zu Mesenchymzellen um. Sie werden am späteren Darm zu den Zellen der Lamina propria, Tunika submukosa und muscularis. Die äußeren Zellen bleiben in einem Verband aus flachen Deckzellen (= viscerales Coelomepithel) und werden später zu den Serosadeckzellen.

Merke: Das Wort "MESODERM" kommt in zwei Bedeutungen vor:

1. Extraembryonales Mesoderm
   stammt vom Trophoblasten und bildet die Stammzellen für das Stroma der Plazenta und des Chorions.

2. Intraembryonales Mesoderm
stammt vom Ektoderm ab und bildet sich durch Einstülpung in der Primitivrinne.

Beide Mesodermarten gehen am Dottersack und später in der Nabelschnur direkt ineinander über.

Das "MESENCHYM" ist eine besondere Abart des intraembryonalen Mesoderms und durch einen lockeren, netzartigen Aufbau aus sternförmigen Zellen gekennzeichnet. Streng müßte man die mesodermalen Organe in zwei Gruppen trennen:

I. eigentliche Mesodermabkömmlinge
d.h. die Organe aus den Myotomen und aus den Ursegmentstielen (z.B. Rumpfmuskeln, Niere, Nebennierenrinde) sowie aus dem Coelomepithel.

II. mesenchymale Organe,
d.h. sie entstehen auf dem Umweg über Mesenchymzellen (z.B. alle Binde- und Stützgewebe, Herz, Gefäße, Blut, Lymphorgane).

Wer liefert alles Mesenchymzellen?

1. Die mediale und ventrale Seite des Ursegmentes
2. Die Cutisplatte
3. Die innere Schicht der Splanchnopleura
4. Die äußerste Schicht der Somatopleura.

Leibeshöhle und Mesenterien

Wie vorher beschrieben, entsteht die Leibeshöhle (Coelom) durch Spaltbildung in den Seitenplatten des Mesoderms. Da zwei Seitenplatten angelegt werden, kann man auch eine linke und eine rechte Leibeshöhle unterscheiden. Sie beginnen etwa im Gebiet unterhalb des Kiemendarmes und reichen bis in die Kloakenregion hinab. Auf Abb. 67 ist die Leibeshöhle herauspräpariert und im Längsschnitt dargestellt. Auf dem zugehörigen Querschnitt sieht man, wie die Splanchnopleura die beiden Leibeshöhlen trennt und gleichzeitig den Aufhängeapparat für den primitiven Darm bildet. Die Gesamtheit dieses Aufhängesystems heißt

Mesenterium commune (Darmgekröse)

Es besteht aus zwei Anteilen:

Mesenterium dorsale
(Splanchnopleura bzw. Mesenterium zwischen primitivem Darm und dorsaler Leibeswand)

Mesenterium ventrale
(Splanchnopleura zwischen Darm und ventraler Bauchwand)

Die einzelnen Abschnitte des Mesenteriums tragen besondere Namen:

Mesenterium commune

Mesenterium dorsale	Mesenterium ventrale
	Mesocardiacum
Mesooesophageum dors.	Mesopneumonium
Mesogastrium dors.	Mesooesophageum ventrale
Mesoduodenum dors.	Mesogastrium ventr.
Mesenterium	Mesoduodenum ventr.
Mesocolon	

Beachte: Im Bereich des Kiemendarmes gibt es keine Leibeshöhle und keine Mesos. Dort findet man nur ein ungegliedertes mesodermales Zellager.

Im Bereich des Kopfdarmes und der Nabelschleife fehlt ein ventrales Gekröse, d.h. rechte und linke Leibeshöhle haben hier eine Verbindung. Beide Coelomhöhlen sind die Vorstufen der späteren Bauch- und Brusthöhle, sowie der Pericardhöhle. Man nennt deshalb das Coelom auch

Cavum pleuro-pericardiaco-peritoneale.

Die Aufteilung der Leibeshöhle

Das Coelom (Cavum pleuro-pericardiaco-peritoneale) wird in 3 seröse Höhlen zerlegt:

1. Cavum pericardii (Herzbeutel)
2. Cavum pleurae (Brusthöhle)
3. Cavum peritonei (Bauchhöhle)

Zunächst wird die BAUCHHÖHLE durch die Bildung des ZWERCHFELLS abgetrennt. Das Zellmaterial kommt z.T. aus dem Septum transversum. Das ist ein unter der Herzanlage und über der Leberanlage befindliches Mesenchymzellager aus dem ventralen Gekröse. Das Septum wächst von ventral nach dorsal an den Darm und trennt ein Cavum pleuro-pericardiacum von der Bauchhöhle ab. Es erreicht aber nicht ganz die dorsale Wand. Statt dessen wachsen von den dorsolateralen Wänden 2 Plicae pleuro-peritoneales dem Septum transversum entgegen und vereinigen sich mit ihm in der Mitte.

Merke: Das Zwerchfell entsteht aus 3 Teilen:

1. Septum transversum
2. Rechte Plica pleuro-peritonealis
3. Linke Plica pleuro-peritonealis

In der Aufsicht nehmen die drei Teile jeweils ungefähr den Raum eines Dreiecks ein (Abb. 71).

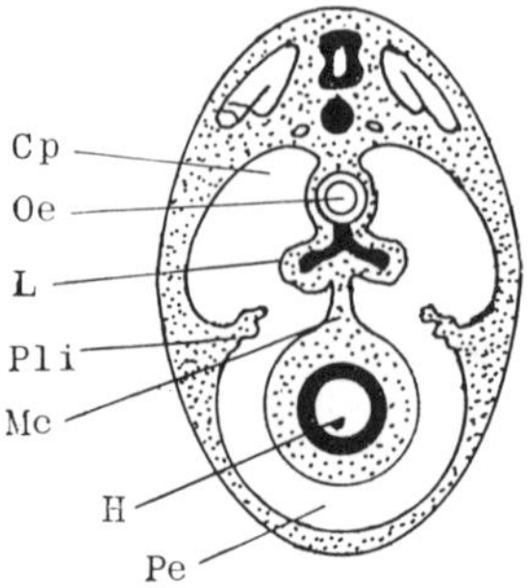

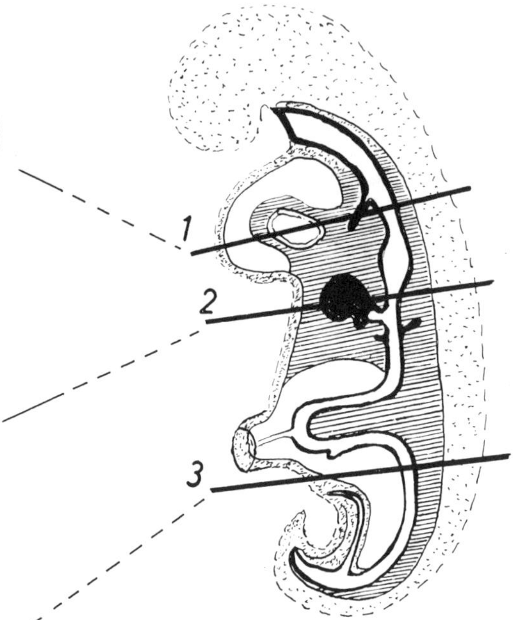

Abb. 67: Längsschnitt

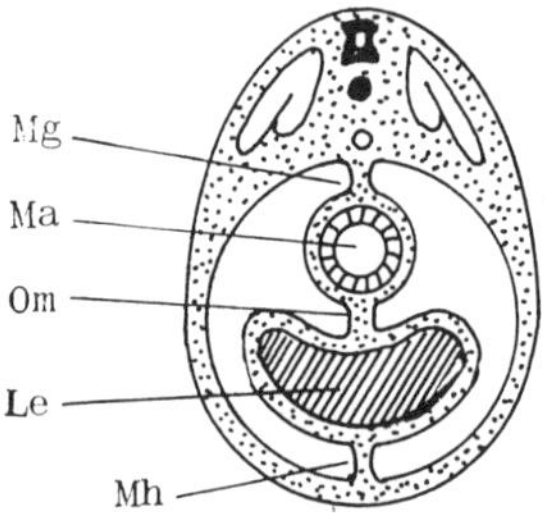

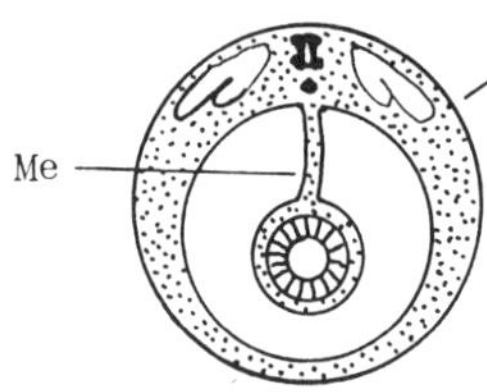

Abb. 70: Schnitt in
Höhe der Colonanlage

Me = Mesenterium dorsale

Erläuterungen:

Abb.68: Schnitt in
Höhe der Herzanlage

Cp = Cavum pleurae, Oe = Oesophagus, L = Lungenanlagen, Pli = Plica pleuropericardiaca, H = Herzanlage, Pe = Pericardhöhle, Mc = Mesocardiacum

Abb. 69: Schnitt in
Höhe der Leberanlage

Mg = Mesogastrium dorsale, Ma = Magenanlage, Om = Omentum minus (Mesogastrium ventrale), Le= Leberanlage, Mh = Mesohepaticum ventrale

Beachte: Das Septum transversum liegt beim Embryo in dem Bezirk, der später der Halsregion entspricht. Deshalb wird verständlich, warum der Zwerchfellmuskel aus dem 3. bis 4. Halsmyotom und der Nervus phrenicus aus dem 3. und 4. Halssegment des Rückenmarkes stammt.

Abb. 71: Schema der Zwerchfellentstehung (Blick von oben auf die drei Komponenten)

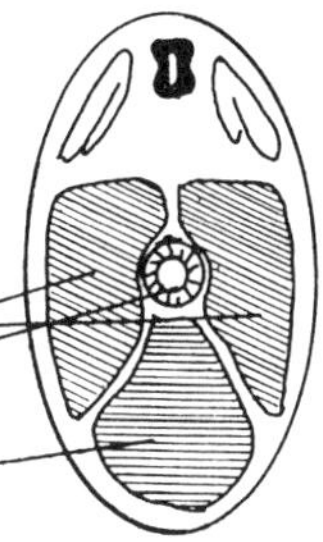

Die gemeinsame BRUSTHÖHLE (Cavum pleuro-pericardiacum) wird durch 2 Plicae pleuro-pericardiaci in die eigentliche Brusthöhle (Cavum pleurae) und die Herzbeutelhöhle (Cavum pericardii) unterteilt. Vergleiche hierzu Abb. 68. Auf dem Querschnitt durch die Brusthöhle wird gezeigt, wie von den lateralen Wänden auf beiden Seiten je eine Falte (Plica pleuro-pericardiaca) entspringt und an das Mesocardiacum dorsale heranwächst. Herz- und Lungenanlagen werden dadurch getrennt. Die Trennwand heißt membrana pleuro-pericardiaca und ist die Anlage des Pericards.

Anmerkung:

Die Plicae werden durch den rechten und linken Ductus CUVIERI im Mesenchym der Somatopleura aufgeworfen. Diese Ductus verliefen anfänglich in einer Querschnittsebene und wurden im Zusammenhang mit der Herzentwicklung in die Längsschnittebene verlagert (Näheres unter Gefäßentwicklung).

Die Bursa omentalis

Die Entstehung des NETZBEUTELS (Bursa omentalis) ist ein beliebtes Prüfungsthema beim Bauchsitus. Seine Bildung läßt sich nur mit Hilfe einiger Zeichnungen erläutern. Bitte deshalb genau den Text mit den angegebenen Abbildungen vergleichen.

Die Bildung der Bursa omentalis beginnt bereits vor der Trennung der Leibeshöhle durch das Zwerchfell. Die Abb. 72 zeigt auf einem Frontalschnitt, wie die Lungenanlagen von dem primitiven Oesophagus abgehen und nach caudal wachsen. Dabei drängen die Lungenknospen das Mesooesophageum ventrale handschuhförmig vor sich her. Es heißt jetzt MESOPULMONUM. Von der Spitze der rechten Lungenanlage und der Bauchrückwand wächst die sog. NEBENGEKRÖSEFALTE (Abb. 73) als ein mesenchymaler Gewebestrang nach caudal aus. Zwischen ihr und dem primitiven Darm (Magenanlage) entsteht eine Seitenbucht des Coeloms, die RECESSUS PARAGASTRICUM heißt. Er ist die

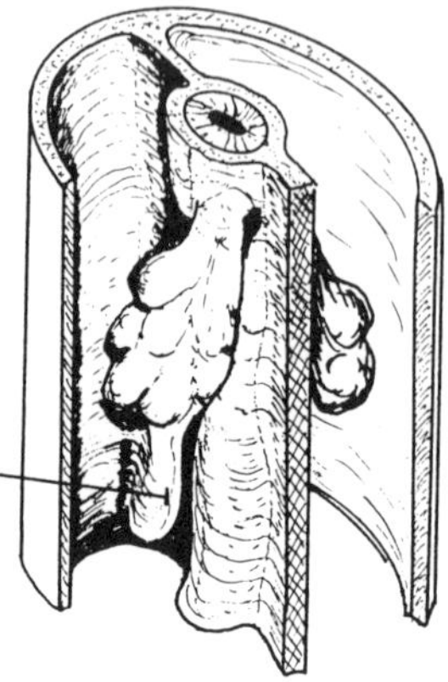

Abb. 72: Perspektivischer Frontalschnitt (Höhe der Lungenanlagen)
Nf = Nebengekrösefalte.

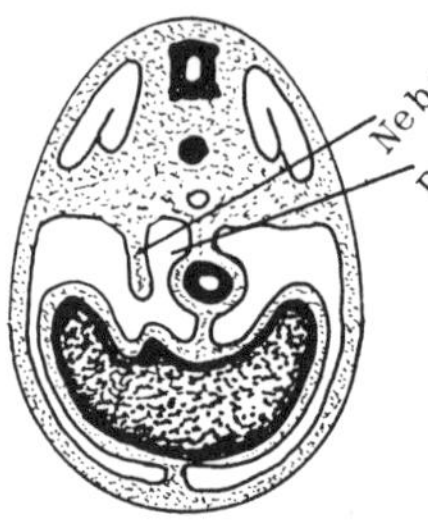

Abb. 73: Bildung der Nebengekrösefalte

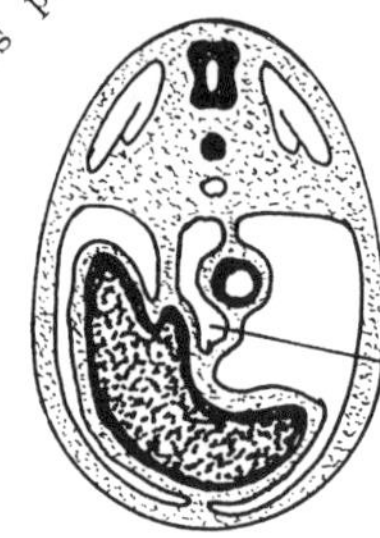

Abb. 74: Abgrenzung der Bursa omentalis

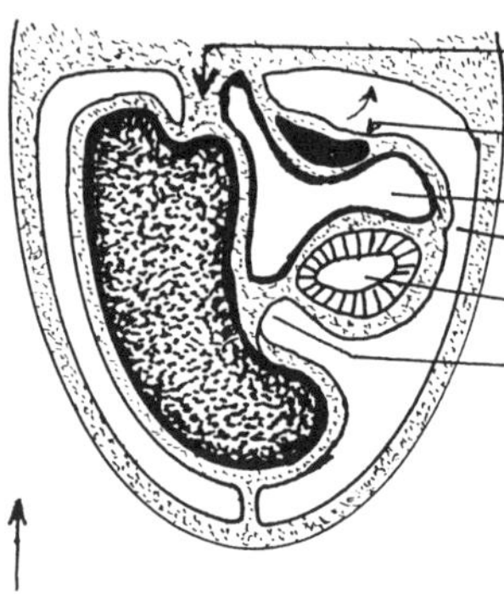

Abb. 75: Ausweitung der Bursa omentalis. Im dorsalen Meso hat sich das Pankreas entwikkelt.

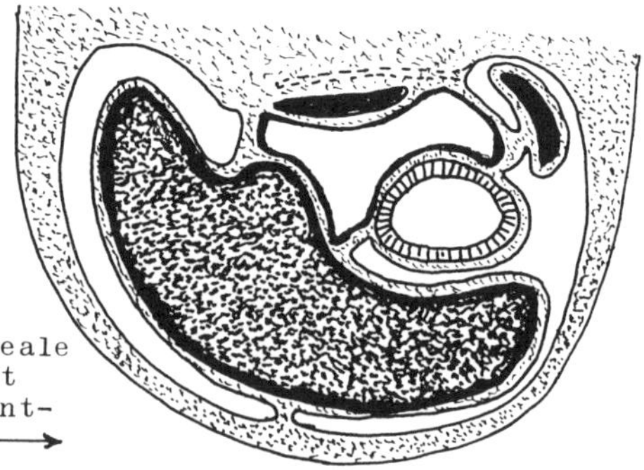

Abb. 76: Sekundär retroperitoneale Lage des Pankreas. Die Milz hat sich im Mesogastrium dorsale entwickelt.

Anlage der Bursa omentalis.

Beachte: Links wird ein Recessus zwar angelegt, aber nicht weiter entwickelt.

Die mediale Wand des Recessus paragastricum wird durch das MESOGASTRIUM gebildet. Es soll zunächst gesondert betrachtet werden. Seine Teile sind:

1. Mesogastrium dorsale und
2. Mesogastrium ventrale

Beide Mesos halten die Magenanlage. In das ventrale Mesogastrium wächst die Leberanlage ein und unterteilt es in:

a) Mesohepaticum ventrale (späteres Lig. falciforme hepatis) und
b) Omentum minus (kleines Netz)

Durch das starke Wachstum der Leber kommt der spätere Lobus caudatus an die Nebengekrösefalte und wächst in sie hinein (Abb. 74). Damit ist aus dem buchtartigen Recessus paragastricum eine Nebenhöhle, das Cavum paragastricum (oder Recessus pneumato-entericus) geworden. Es ist am unteren Rand der Leber über einen Spalt zugänglich (primitives Foramen gastro-epiploicum).

Mit Ausbildung des Zwerchfelles, welches sich zwischen Lungen und Leberanlage ausbreitet, wird das Cavum in eine Bursa infracardiaca (die später völlig verschwindet) und eine Bursa omentalis geteilt, die unterhalb des Zwerchfells liegt.

Die weiteren Veränderungen stehen im unmittelbaren Zusammenhang mit den Magen- und Darmdrehungen. Bitte erinnern (siehe Seite 57):

Der Magen macht

1. eine Rechtsdrehung um die Längsachse (linke Seite wird Vorderwand, rechte Seite wird Hinterwand) und
2. eine Linksverlagerung.

Die dadurch ausgelösten Veränderungen am Mesogastrium zeigen die Abb. 75 und 76. Es wird

a) das Mesogastrium dorsale nach links mitgenommen und

b) weitet sich die Bursa omentalis nach links aus.

c) Das im dorsalen Meso liegende Pankreas (siehe Seite 64 und 65) kommt in Parallelstellung zur hinteren Bauchwand. Hinterfläche (ehemalige rechte Seite!) des Pankreas und Bauchwand verkleben miteinander, das Coelomepithel verschwindet. Damit liegt das Pankreas außerhalb der eigentlichen Bauchhöhle (sog. sekundär retroperitoneale Lage). Das Duodenum macht die gleichen Veränderungen mit und liegt schließlich ebenfalls sekundär retroperitoneal.

d) Aus dem Mesenchym des dorsalen Mesogastrium entsteht die Milz (siehe später).

Die Bursa omentalis hat jetzt folgende Begrenzungen:

oben: Zwerchfell
unten: Mesogastrium dorsale
rechts: Leber (Lobus caudatus)
links: Mesogastrium dorsale mit
a) Pars phrenico-lienalis
b) Milz
c) Pars gastro-lienalis
hinten: Pankreasvorderfläche
vorn: Magen und Omentum minus.

Die weitere Entwicklung der Bursa omentalis läßt sich jetzt am einfachsten durch Medianschnittbilder verfolgen:

Unmittelbar unter dem Magen und der Bursa omentalis liegt das Colon transversum. Es ist infolge der Darmdrehungen (vergleiche Seite 59 und 60) dorthin gelangt; sein Mesocolon heftet sich auf dem nun (sekundär) retroperitoneal liegenden Duodenum und Pankreas an (Abb. 77). Nun folgt:

1. Der Boden der Bursa omentalis wächst abwärts. Im Schnitt sieht man, daß das Gewebe als Falte über das Colon transversum herüberwächst. Diese Falte heißt: Omentum maius (großes Netz). Das Netz enthält innen einen Hohlraum als Fortsetzung des Netzbeutels, den Recessus inferior bursae omentalis.
2. An der Stelle, wo sich Hinterfläche des Omentum maius und Vorderfläche des Colon transversum berühren, kommt es zur Verklebung beider Organe. Von jetzt ab bildet das Mesocolon transversum den Boden der Bursa omentalis.
3. Nach der Geburt verödet meist der Recessus inferior des Netzbeutels, so daß das Netz dann eine einheitliche Gewebsplatte darstellt. Das Verbindungsstück zwischen großer Magenkurvatur und Colon transversum heißt Pars gastro-mesocolica.

Merke: Das Mesogastrium dorsale ist wie alle Mesos eine Duplikatur und hat deshalb zwei seröse Oberflächen. Das große Netz enthält als Vorstülpung 4 seröse Oberflächen: 2 auf den Innenseiten, 2 auf den Außenseiten. Die beiden inneren gehen später durch Verklebung verloren.

Im Bereich der späteren Pars gastro-mesocolica liegen ursprünglich 6 seröse Blätter: die 4 Blätter des Omentum maius und je ein vorderes und hinteres Blatt vom Mesocolon transversum. Also 3 Duplikaturen!

Aufgabe der Mesenterien:

1. Aufhängeapparat der Eingeweide
2. Leitgewebe für Nerven, Gefäße und Lymphbahnen.

Von den ursprünglich frei beweglichen Darmteilen werden einige durch sekundäre Verklebung mit der Bauchwand fixiert. Das sind

Duodenum (mit Pankreas)
Colon ascendens
Colon descendens

Die Milz

Sie entsteht aus dem Mesenchym des Mesogastrium dorsale bereits im 1. Embryonalmonat. Das Meso ist später noch als Milzkapsel vorhanden. Vom 7. Monat an beteiligt sich das Organ an der Blutbildung (hepato-lienale Phase der Blutbildung).

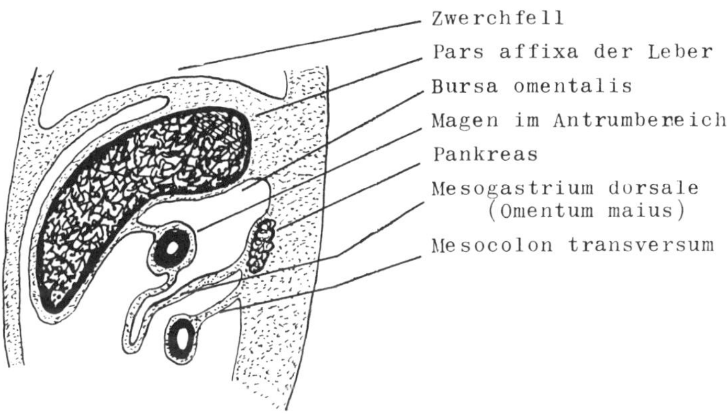

Abb. 77: Auswachsen des Omentum maius

(In Anlehnung an HERTWIG umgezeichnet)

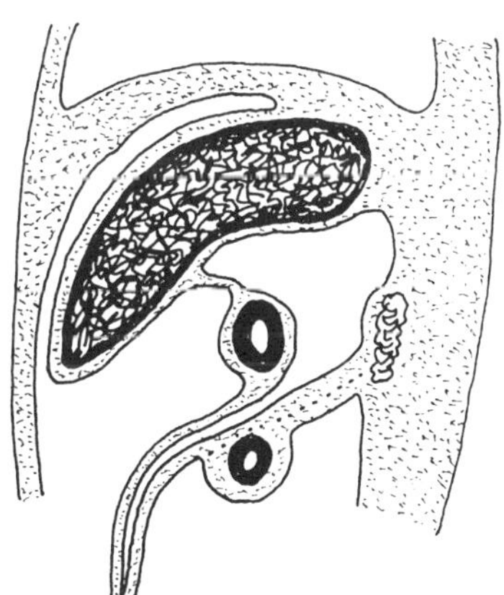

Abb. 78: Verklebung des Mesocolon transversum mit dem Boden der Bursa omentalis

Das Kreislaufsystem

Das Herz

Das Herz entsteht aus einer paarigen Anlage bereits sehr frühzeitig (zur Zeit der Bildung der Ursegmente). Zu diesem Zeitpunkt findet sich im Querschnitt durch das vordere Drittel des Embryos eine Situation wie auf Abb. 79:

Rechts und links vom Entoderm entstehen im dortigen Mesoderm zwei schlauchartige Gebilde, die paarigen

ENDOCARDSCHLÄUCHE.

Hieraus wird später das Endocard. Das umhüllende Mesoderm ist der Mutterboden für das spätere Herzmuskelgewebe und Epicard; es heißt MYOCARDPLATTE (Herzplatte oder myoepicardialer Mantel).

Seitlich der Herzanlagen entsteht im mesodermalen Gewebe durch Spaltung ein Hohlraum, die paarige

primäre HERZBEUTELHÖHLE.

Es handelt sich hierbei um den gleichen Mechanismus, durch den im übrigen Embryo die Coelombildung durch Spaltung der mesodermalen Seitenplatten erfolgt.

Mit dem weiteren Wachstum des Embryos gelangen die beiden Endocardschläuche ventral vom Entoderm und werden in der Mittellinie einander genähert (Abb. 80).

Merke: Beide Endocardschläuche verschmelzen in der Mittellinie und bilden den unpaaren HERZSCHLAUCH (Abb. 82).

Aus dem Bindegewebe der Herzplatten wird nach der Verschmelzung:

I. das Mesocardium dorsale,
das als Herzgekröse den Herzschlauch ventral vom Darm festhält. Es wird bis auf einen kleinen cranialen und caudalen Rest (zur Befestigung und als Gefäßleitschiene) rückgebildet.

II. das Mesocardium ventrale,
das vorübergehend eine Bindegewebsbrücke zwischen Herzschlauch und ventraler Körperwand bildet. Es wird sehr schnell rückgebildet, wobei eine Verbindung zwischen rechter und linker Herzbeutelhöhle entsteht. Damit ist die

sekundäre Herzbeutelhöhle

entstanden. Ursprünglich liegt die Herzanlage im Bereich der späteren Halsregion und macht im Laufe der Entwicklung eine Tieferwanderung (sog. Deszensus des Herzens) in die Brustregion durch.

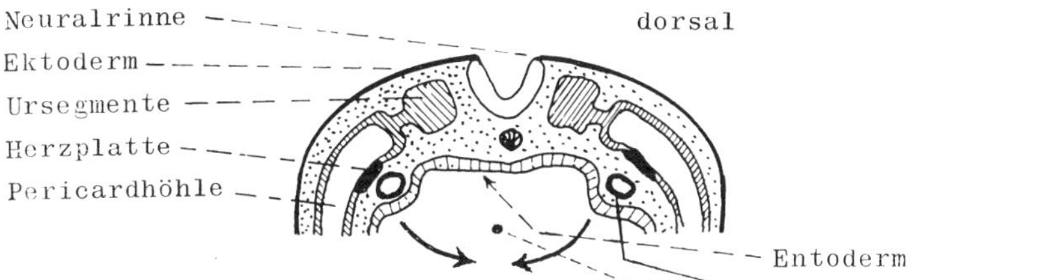

Abb. 79:

Querschnitt durch einen Embryo im cranialen Bereich (Anschluß an Abb. 41, Seite 38). In Anlehnung an CLARA umgezeichnet.

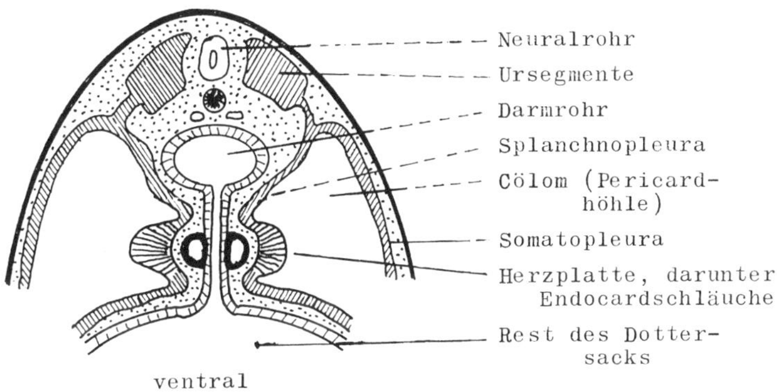

Abb. 80:

Querschnitt; etwas späteres Stadium als Abb. 79. Die Endocardschläuche haben s sich genähert; die Verklebung steht bevor.

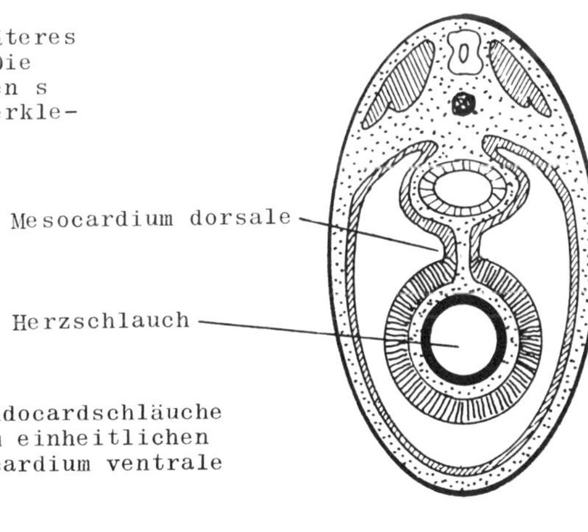

Abb. 81:

Querschnitt; die Endocardschläuche sind verwachsen zum einheitlichen Herzschlauch. Mesocardium ventrale ist rückgebildet.

Umgestaltung des Herzschlauches

Der Herzschlauch hängt zunächst in der Pericardhöhle (Herzbeutelhöhle), an der dorsalen Coelomwand durch zwei Reststränge des Mesocardium dorsale befestigt (Abb. 83). Man erkennt folgende Teile:

1. Sinus venosus

   Caudales Ende des Herzschlauches, nimmt das Blut aus dem venösen System auf (siehe später)

2. Atrium commune

   Schließt sich direkt an den Sinus venosus an und stellt die gemeinsame Anlage des späteren rechten und linken Vorhofs dar.

3. Ventriculus communis

   Anlage beider Herzkammern und Austreibungsteil für das Blut.

4. Bulbus arteriosus

   oder Bulbus cordis. Austreibungsteil der gemeinsamen Herzkammer. Späterer Ansatz der Aorta und Art. pulmonalis.

5. Truncus arteriosus

   Übergangsstück vom Herzen zu den primitiven Arterienanlagen. Wird später in Aorta und Art. pulmonalis geteilt.

Äußerlich ist die Gliederung an 2 Einschnürungen zu erkennen (Abb. 83 und 84):

I. Sulcus ventriculo-bulbaris
   zwischen Bulbus und Ventriculus

II. Sulcus atrio-ventricularis
   zwischen Atrium und Bulbus

Den äußeren Furchen entsprechen im Inneren Einengungen des Lumens:

zu I : Ostium ventriculo-bulbaris
zu II: Ostium atrio-ventricularis (Ohrkanal)

Auf den Rändern dieser Einengungen entstehen Endokardwucherungen, aus denen später die Herzklappen hervorgehen. Einen Längsschnitt hierzu bringt Abb. 84. Durch Längenwachstum wird aus dem geraden Schlauch eine

S-förmige HERZSCHLEIFE.

craniales Ende: nach ventral und rechts lateral,

caudales Ende: nach dorsal und links lateral verlagert.

Auf einem Längsschnitt sieht man jetzt die Herzschleife wie

Abb. 82:

Die Vereinigung der Endocard-schläuche, von ventral gesehen. Die Anlagen sind herauspräpa-riert (in Anlehung an BLECH-SCHMIDT umgezeichnet). →

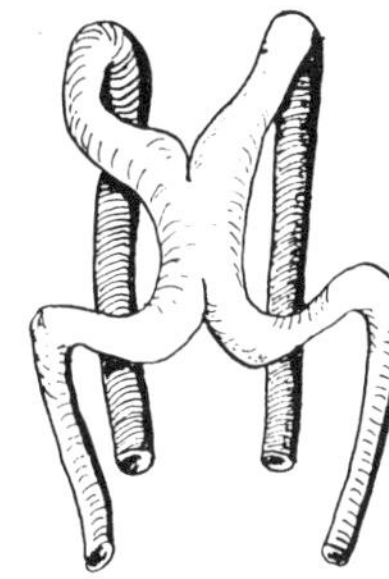

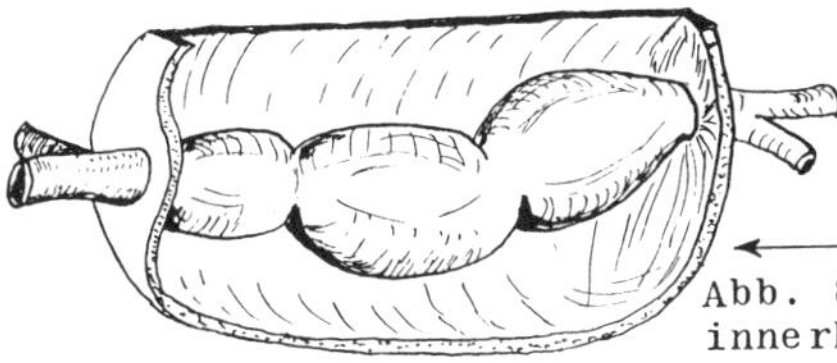

← Abb. 83: Der Herzschlauch innerhalb des Herzbeutels

Abb. 84: Längsschnitt durch den Herzschlauch.

Abb. 85: Krümmung des Herz-schlauches im Längsschnitt.

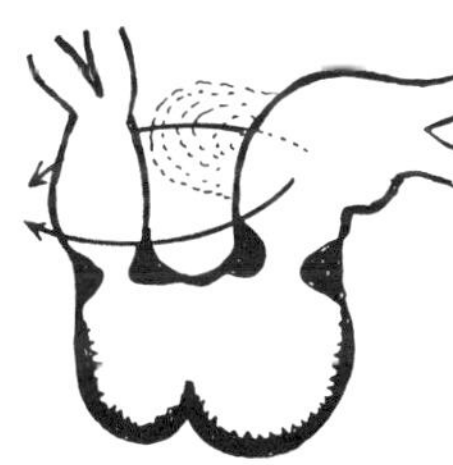

Abb. 86: Auswachsen der Herz-ohren (in Pfeilrichtung).

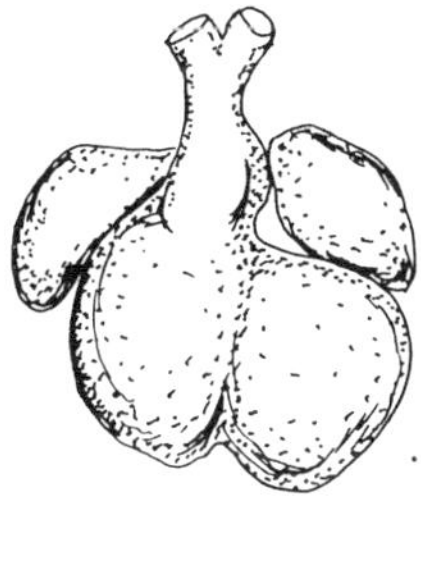

Abb. 87: Ventrale Ansicht des Herzensmit den Herzohren (Er-gänzung zu Abb. 86).

E

auf Abb. 85 . Die einzelnen Abschnitte wachsen verschieden stark; von außen sieht man:

1. Die ventrale Vorhofswand (Atrium commune)

wächst (Pfeilrichtung in Abb. 86) von beiden Seiten um den Bulbus herum. Diese Aussackungen sind die Anlage der Herzohren.
(Eselsbrücke: Die Anlage der Herzohren sieht von ventral wie ein Ohrensessel aus, in dem der Bulbus ruht).

2. In der dorsalen Vorhofswand

tritt eine Sagittalfurche auf, die den gemeinsamen Vorhof angedeutet in einen rechten und linken (mit je einem Herzohr) teilt. Die völlige Trennung wird erst später durch die Vorhofssepten erreicht.

3. Der Kammerteil (Ventriculus communis)

wird durch eine Querfurche (Sulcus interventricularis) unvollständig in zwei Abschnitte geteilt, die den späteren Herzkammern entsprechen.

Damit sind alle späteren Herzteile im Wesentlichen angelegt. Den funktionellen Beanspruchungen des extrauterinen Lebens wird das Herz durch Ausbildung der HERZSCHEIDEWÄNDE (Septen) gerecht. Es handelt sich um 4 Septen:

1. Septum primum
2. Septum secundum
3. Septum ventriculorum
4. Septum bulbi

1. Das Septum primum:

Von der dorsalen Vorhofswand wächst eine Falte nach ventral aus und teilt damit den gemeinsamen Vorhof in einen rechten und linken. Der Ohrkanal mit seinem Ostium atrio-ventriculare wird durch das Septum ebenfalls halbiert, so daß zwei neue Ostien entstanden sind:

rechts = Anlage der Valvula tricuspidalis
links = Anlage der Valvula bicuspidalis (mitralis)

Sekundär wird die komplette Vorhofteilung durch eine Lückenbildung, das

Foramen ovale primum,

im hinteren, oberen Septumbereich aufgehoben. Es verbleibt nur eine sichelförmige Falte (Abb. 88).

2. Das Septum secundum

Es wächst von der hinteren, oberen Vorhofswand nach unten und liegt schließlich rechts parallel zum Septum primum. Seine

Form ist sichelförmig und läßt deshalb ebenfalls eine Lücke zwischen beiden Vorhöfen, das

Foramen ovale (secundum)

offen.

Merke: Das eigentliche FORAMEN OVALE ist eine Öffnung des Septum secundum, dem das Septum primum als Ventilfalte vorgelagert ist. Die beiden Septen stehen zueinander kulissenartig wie zwei Schiebetüren.

Während des embryonalen Lebens ist der Blutdruck im rechten Vorhof größer als im linken (siehe Kapitel fetalen Kreislauf). Über das Foramen ovale ist der Durchtritt von rechts nach links möglich (Klappe aufgedrückt!). Umgekehrt dagegen wird das Septum primum auf das Foramen ovale aufgepreßt und verschließt es. Beide Septen für sich allein sind unbrauchbare Trennwände, zusammen ergeben sie ein Klappenventil.

Nach der Geburt steigt der Blutdruck im linken Vorhof stärker an als im rechten; das Foramen ovale wird zugedrückt. Bei den meisten Menschen verwachsen die beiden Septen. In den übrigen Fällen ist das Foramen zwar für eine Sonde durchgängig, tritt aber hämodynamisch wegen des Ventilmechanismus nicht als Defekt in Erscheinung (ca 25 % aller Menschen).

3. Das Septum ventriculorum

Es wächst als Muskelfalte vom Gebiet der Herzspitze aufwärts, erreicht aber keine vollständige Trennung der Herzkammern. Über dem Septum steht wie ein Schornstein noch der Bulbus arteriosus. Am oberen Rand des Septums besteht eine Verbindung zwischen rechter und linker Kammer, das FORAMEN INTERVENTRICULARE.

4. Das Septum bulbi

Das einheitliche Rohr des Bulbus arteriosus wird durch ein Septum bulbi (auch Septum aortico-pulmonale genannt) geteilt. Es entsteht aus zwei in der Mitte zusammentreffenden Endocardwülsten, die den Bulbus in ein Doppelrohr teilen.

Nun führt der Bulbus eine spiralige Verdrehung (Torsion) aus. Eines der Rohre gelangt über die linke Kammerhälfte = Anlage der Aorta, das andere über die rechte = Anlage der Art. pulmonalis.

Das Septum bulbi wächst jetzt tiefer und gewinnt als pars membranacea Anschluß an das Ventrikelseptum. Damit sind rechte und linke Herzkammer, sowie die zugehörigen Ausflußbahnen, getrennt.

DIE HERZKLAPPEN

Das Stammgewebe sind wulstartige Vorwölbungen des Endocards an den engen Stellen der Herzschleife.

I. Die Segelklappen (Valvulae atrio-ventriculares)

Ursprung sind die Endocardwülste des Ostium atrio-ventriculare. Durch das Septum primum wird die gemeinsame Öffnung unterteilt in

Valvula tricuspidalis und
Valvula bicuspidalis (mitralis)

II. Die Taschenklappen (Valvulae semilunares)

Bei der Trennung des Bulbus arteriosus wachsen - wie vorher beschrieben - von den Seitenwänden zwei Wülste aus (Aufsicht in Abb. 89 dargestellt). Sie treffen sich in der Mitte und bilden das Septum bulbi (aortico - pulmonale). Gleichzeitig entstehen an der ventralen und dorsalen Bulbuswand je ein kleiner Wulst. Nach Trennung des Bulbus arteriosus in Aorta und Art. pulmonalis sieht man deshalb in der Aufsicht jeweils 3 Wülste. Die Wülste bleiben nur am Übergang zu den Herzkammern erhalten. Durch Aushöhlung des oberen Gewebeanteils wird aus dem Wulst eine schaufelförmige Aushöhlung = Sinus valsalvae. In der Rohrmitte treffen sich alle drei Klappen. Die Berührungsstelle ist knotenartig verdickt (Noduli semilunares Arantii).

Abb. 88: Bildung der Herzscheidewände; Pfeile geben die Richtung der Septierung an. (Seitenansicht !).

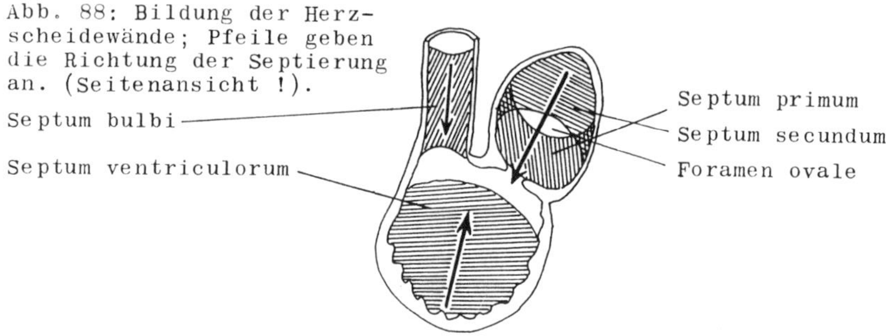

Abb. 89: Bildung des Septum bulbi
Die beiden seitlichen Längswülste (gestrichelt) wachsen aufeinander zu und teilen die gemeinsame Öffnung in zwei (Aorten- und Pulmonalis-Taschenklappen).
(nach BOENIG umgezeichnet)

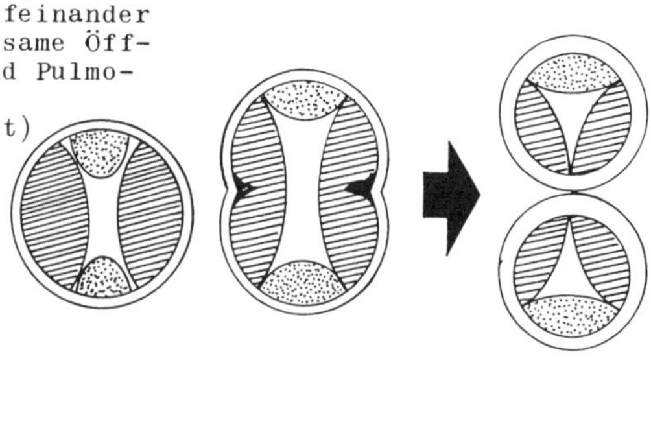

DER HERZBEUTEL

ist der Rest der ursprünglichen Pericardhöhle. Die Aufhängebänder als Rest des Mesocardium dorsale werden während der Herzschleifenbildung genähert, verschmelzen aber nicht. Zwischen beiden bleibt zeitlebens ein Zwischenraum, der Sinus transversus pericardii heißt.

Die Trennung der Pericardhöhle von der gemeinsamen Leibeshöhle erfolgt durch zwei Faltenbildungen (Vergleiche Seite 75):

a) Septum transversum
zwischen Herz und Leber

b) 2 Plicae pleuro-pericardii
zwischen Herz und Lungenanlage.

Die Herzaktionen beginnen bereits in der 3. Embryonalwoche, sobald die ersten Gefäße ausgebildet sind.

Anhang: Nur für Fleißige!!

Einige wichtige Herzmißbildungen

1. Offenes Foramen ovale

Ausbleiben der Verwachsung oder ungenügende Bildung des Septum secundum. Nur wichtig, wenn hämodynamische Störungen auftreten (Links-Rechts-Shunt = Blutfluß vom linken in den rechten Vorhof).

2. Vorhofseptumdefekt

Wie offenes Foramen ovale. Fehlen des Septum ist nicht mit dem Leben vereinbar.

3. Fehlen der Kammerscheidewand

Nicht lebensfähig!

4. Kammerseptumdefekt

Lebensfähig, wenn Defekt nicht größer als 2 cm = Morbus ROGER. Venöses und arterielles Blut werden gemischt, der Mensch sieht bläulich aus (sog. Mischungscyanose)

5. "Reitende Aorta" (EISENMENGER-Komplex)

oder "Dextroposition". Die Aorta entspringt nicht direkt über der Kammer, sondern über dem Kammerseptum; immer mit Kammerseptumdefekt kombiniert. Ursache ist ungenügende Torsion des Truncus bzw. Bulbus arteriosus. Unter EISENMENGER - Komplex versteht man die Kombination von Reitender Aorta, Septumdefekt und Vergrößerung der rechten Herzkammer.

6. Transposition

Aorta aus der rechten Kammer, Pulmonalis aus der linken. Nicht lebensfähig!

7. FALLOT'sche Tetralogie

EISENMENGER-Komplex mit Pulmonalstenose; also: reitende Aorta (Dextroposition), Septumdefekt, Vergrößerung (Hypertrophie) der rechten Herzkammer, Pulmonalstenose.

8. LUTEMBACHER-Syndrom

Vorhofseptumdefekt, Mitralstenose und Hypertrophie der rechten Herzhälfte.

9. EBSTEIN-Syndrom

Tricuspidalinsuffizienz und offenes Foramen ovale

Der Kreislauf

Sämtliche Gefäße stammen aus dem mesodermalen Gewebe. Zwei Gefäßbildungsgebiete sind zu unterscheiden:

I. extraembryonal
II. intraembryonal

I. Aus dem extraembryonalen Mesoderm

Im mesodermalen Gewebe des Dottersacks und der Allantois treten bereits sehr frühzeitig sog.

BLUTINSELN

auf. Das sind besondere Ballen aus großen epithelzellähnlichen Zellen. Die einzelnen Ballen wuchern strangförmig aus und verbinden sich netzartig miteinander. Die Zellen selbst differenzieren sich in zwei Haupttypen (Abb. 90):

a) ANGIOBLASTEN

sind die äußeren Zellen der Blutinseln. Sie wuchern strangartig aus und flachen sich zu den ENDOTHELZELLEN ab.

b) HÄMOGONIEN oder HÄMOCYTOBLASTEN

sind die inneren Zellen einer Blutinsel und die URBLUTSTAMMZELLEN (siehe Blutbildung)

Zwischen Angioblasten und Hämogonien treten durch Gewebsverflüssigung Spalten auf. Damit ist innerhalb des von den Endothelzellen (Angioblasten) gebildeten Hohlraumes eine Art "Blutplasma" aus Gewebsflüssigkeit mit darin schwimmenden "Blutzellen" (Hämogonien) entstanden.

Aus dem extraembryonalen Mesoderm entstehen auf diese Weise 2 verschiedene Gefäßsysteme:

1. Dottersackkreislauf mit
   2 Venae omphalo-mesentericae
   2 Arteriae omphalo-mesentericae

2. Chorionkreislauf (Anlage des Plazentarkreislaufs) mit
2 Arteriae umbilicales
1 Vena umbilicalis
(ursprünglich werden 2 Venen angelegt!)

II. aus dem intraembryonalen Mesoderm

erfolgt die Gefäßbildung durch Mesenchymzellen, die sich zu Strängen anordnen und in Endothelzellen umwandeln. Alle Körpergefäße sind intraembryonaler Abkunft.

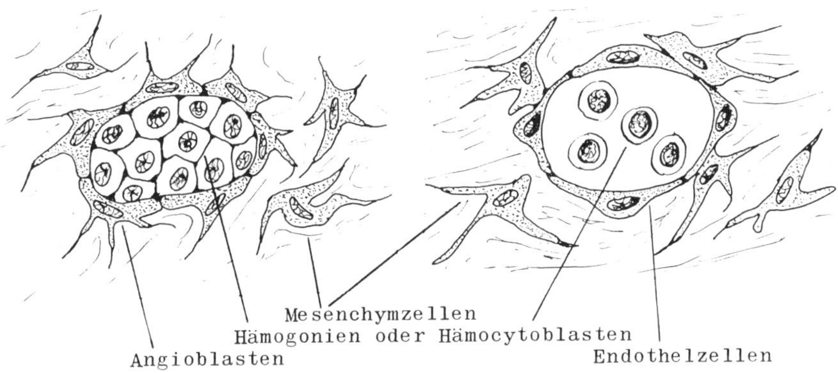

Abb. 90 a: Blutinsel aus dem Dottersackmesenchym

Abb. 90 b: Sonderung der Blutinsel in Gefäß- und Blutstammzellen.

Die großen Arterien

Die einfachen Endothelstränge ordnen sich zu einem primitiven Gefäßsystem, dessen Verlauf auf Abb. 91 in Seitenansicht zu sehen ist. Folgende Gefäßstämme sind wichtig:

Truncus arteriosus

Er entspringt aus dem Bulbus arteriosus der Herzanlage und gabelt sich in 2 Arterienstämme, die an der Bauchseite des Embryos zum Kopfende hinaufziehen. Sie heißen

Aortae ascendentes (primitivae)

oder ventrale Aorten. Von jedem dieser Gefäße entspringen

6 Kiemenbogenarterien,

die den Kiemendarm des Embryo (schlage die Seite 53 auf)

umgreifen und am Rücken in 2 längsverlaufende Stämme, die

Aortae descendentes (primitivae)

münden. Diese absteigenden Gefäße heißen auch dorsale Aorten. Zum Schwanzdarm hin heißen sie

Artt. caudales

Im Bereich des Rumpfdarmes geht von jeder dorsalen Aorta eine

Art. umbilicalis

ab und zieht über den Haftstiel (später Nabelschnur) in das Chorion (später Plazenta). Auch die

Artt. omphalo-mesentericae

entspringen aus dem Rumpfabschnitt der dorsalen Aorten.

An diesem anfänglichen einfachen arteriellen System finden erhebliche Veränderungen statt. Vergleiche zum Text die Abb. 92 . Es werden aus dem:

Truncus arteriosus	Aorta ascendens, Pulmonalis
Aorta ventralis (kopfwärts vom 3. Kiemenbogen)	Art. carotis externa
Aorta ventralis zwischen 3. und 4. Kiemenbogen	Art. carotis communis
1., 2. und 5. Kiemenbogenarterie	obliterieren
3. Kiemenbogenarterie und cranialer Teil der Aorta dorsalis	Art. carotis interna
4. Kiemenbogenarterie	
links	Arcus aortae
rechts	Anfang der rechten Art. subclavia
6. Kiemenbogenarterie	
links	Art. pulmonalis und deren Ramus sinister
rechts	Ductus Botalli und Ramus dexter art. pulmonalis
Re. und li. Aorta dorsalis im Rumpfbereich	Aorta descendens (Brust- und Bauchaorta)
Li. Aorta dorsalis (im Brustbereich)	obliteriert
Art. omphalo-mesenterica	
rechts	Art. mesenterica sup.
links	obliteriert
Art. umbilicales	obliterieren nach Geburt

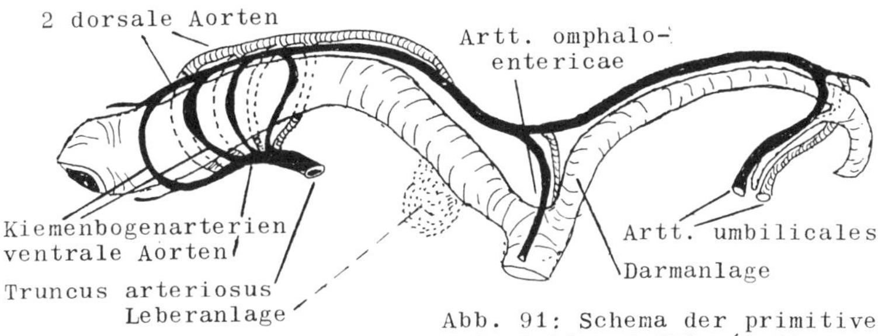

Abb. 91: Schema der primitiven arteriellen Gefäße (Seitenansicht)

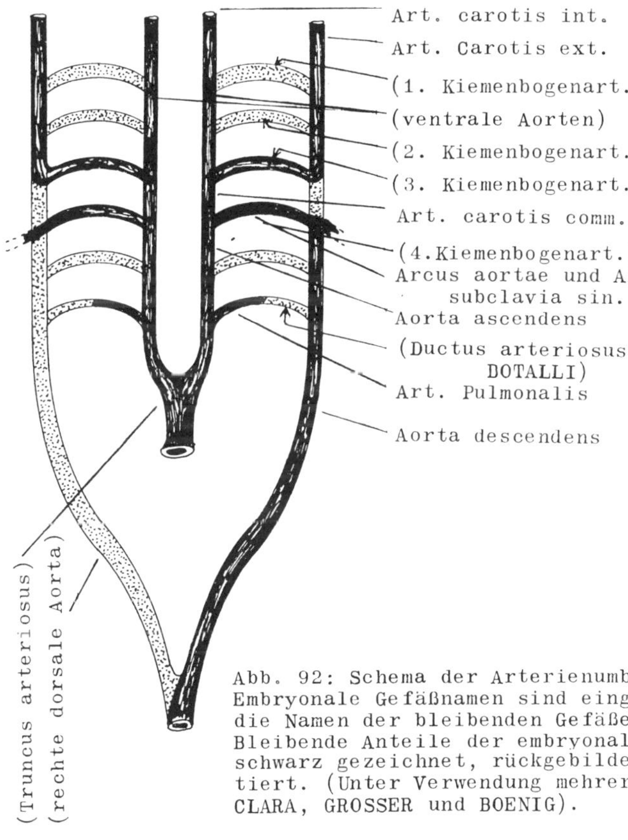

Abb. 92: Schema der Arterienumbildungen. Embryonale Gefäßnamen sind eingeklammert ( ), die Namen der bleibenden Gefäße ohne Klammern. Bleibende Anteile der embryonalen Gefäße schwarz gezeichnet, rückgebildete Gefäße punktiert. (Unter Verwendung mehrerer Abb. von CLARA, GROSSER und BOENIG).

Die wichtigsten Arterienmißbildungen

1. Ductus arteriosus BOTALLI persistens

   (Offener Ductus arteriosus BOTALLI).
   Der Ductus zieht von der Art. pulmonalis zur Aorta und stellt einen Umgehungsweg des Lungenkreislaufs dar (siehe foetalen Kreislauf). In manchen Fällen unterbleibt nach der Geburt die Obliteration der Gefäßbrücke und es kommt zum Übertritt von Blut aus der Aorta in die Pulmonalis. Häufigkeit 10 % aller Herzfehler. Lebensfähig; Tod erfolgt bei unbehandelten Fällen um das 25. Lebensjahr (Mittelwert) durch Linksherzversagen.

2. Aortenisthmusstenose

   Einengung der Aorta im sog. Isthmusbereich (Ansatz des Ductus BOTALLI an der absteigenden Aorta). Kennzeichen: Der Blutdruck ist an den Armen hoch, an den Füßen dagegen auffallend niedrig.

Die großen Venen

Die Venen werden ursprünglich ebenfalls paarig angelegt. Wenn man die Hauptvenenstämme herauspräpariert und von der Bauchseite her betrachtet, sieht man die Situation der Abb. 93 mit folgenden Teilen:

Vena cardinalis superior
: 2 Venenstämme aus dem embryonalen Kopfbereich

Vena cardinalis inferior
: 2 Venenstämme aus dem embryonalen Rumpf.

  Die vordere und hintere Hauptvene mündet unterhalb der Herzanlage jeweils in eine rechte und linke

Vena cardinalis communis,
: auch Ductus CUVIERI genannt. Diese beiden Sammelvenen geben ihr Blut in den

Sinus venosus
: der Herzanlage. Grob schematisch ergeben die Hauptvenen die Figur eines

  H

  wobei der Querbalken die Ductus CUVIERI darstellt. Der Sinus venosus geht in der Mitte des Querbalkens nach vorn ab. Er nimmt noch weitere Venenstämme auf:

2 Venae omphalo-mesentericae
: Sie kommen vom Dottersack, ziehen an der Bauchinnenseite aufwärts zum Sinus venosus.

  Auf diesem Wege ziehen sie durch das Zellager des Septum transversum und des Mesogastrium ventrale. Die sich ebenfalls im Mesogastrium ventrale ausbreitende Leberanlage unterteilt die Venen in ein feinmaschiges Kapillarnetz (Lebersinusoide). Damit werden aus den Venae omphalo-mesentericae

a) die Venae advehentes hepatis
   (zwischen Dottersack und Leber)

b) die Venae revehentes hepatis
   (zwischen Leber und Sinus venosus)
   Sie verschmelzen kurz vor dem Sinus zur Vena revehens communis = spätere Vena hepatica

c) die Lebersinusoide
   (zwischen den Leberzellbalken)

a, b und c bilden den sogenannten

primären PFORTADERKREISLAUF.

Die linke Vena advehens hepatis wird zum größten Teil rückgebildet, die rechte dagegen erhält neue Zuflüsse aus MAGEN, MILZ und DARM und wird damit zum Hauptstamm der späteren definitiven

Vena portae (Pfortader).

Die anderen in den Sinus venosus des Herzens mündenden Gefäße sind die

2 Venae umbilicales.
Die rechte bildet sich völlig zurück, die linke zieht von der PLAZENTA durch die NABELSCHNUR in den Embryo und steigt an der inneren Bauchwand zum Sinus venosus auf. Dabei zieht sie an der Leberrückseite vorbei und heißt hier

Ductus venosus (ARANTII)

Dieser Ductus venosus verödet (obliteriert) später zur

Chorda ductus venosi.

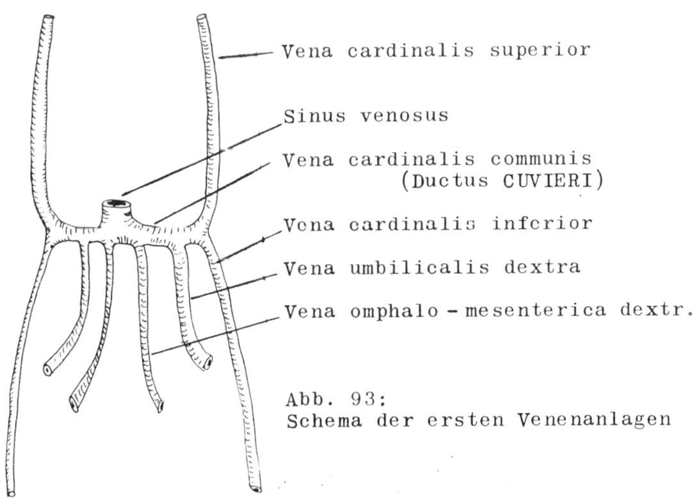

Abb. 93:
Schema der ersten Venenanlagen

Die Umbildung der primitiven Venen

I. Vena cardinalis superior

Diese paarige Venenanlage liefert das Stammaterial für
alle Kopf- und Halsvenen,
Vena cava superior,
Sinus coronarius cordis

II. Vena cardinalis inferior

stellt mit ihren zwei Stämmen den primitiven Abflußweg für den Rumpf und die untere Extremität dar. Vor der Ausbildung des endgültigen Venensystems werden noch einige andere Primitivvenenstämme angelegt:

III. Venae subcardinales

liegen im Bereich der Nierenanlagen und münden in die Venae cardinales caudales. Der rechte Ast bekommt Anschluß an die V. revehens hepatis communis.

IV. Venae supracardinales

parallel zu den Venae cardinales caudalis und neben der Wirbelsäulenanlage.

Aus diesen Stämmen setzen sich die wichtigsten Venen des Rumpfes zusammen.

Vena cava inferior aus

1. V. revehens communis (Lebergebiet der V. cava)
2. Re. V. subcardinales (unterhalb Leber bis Lendenbereich).

Venae thoracicae longitudinales (V. azygos et hemiazygos) aus Venae supracardinales entstanden.

DIE LYMPHGEFÄSSE

Die kleinen Lymphgefäße und Lymphkapillaren entstehen als Spalten im Mesenchym und verlaufen parallel zu den Venenstämmen. Der Ductus thoracicus entsteht aus 6 sackförmig erweiterten Lymphspalten im dorsalen Mesenchym.

Der foetale Kreislauf

Das wichtigste Kennzeichen des foetalen Kreislaufes:

Er enthält überwiegend gemischtes Blut
(Oxyhaemoglobin und reduziertes Haemoglobin).

Die Trennung in arterialisiertes Blut (mit Oxyhaemoglobin) und venöses (mit reduziertem Haemoglobin) erfolgt erst nach der Geburt bei voller Funktion der Lunge. Beim Embryo bestehen ursprünglich zwei Kreisläufe:

I. Der Dottersackkreislauf
II. Der Plazentarkreislauf

I. DER DOTTERSACKKREISLAUF

2 Venae omphalo-mesentericae
Kapillarnetze in der Dottersackwand
2 Arteriae omphalo-mesentericae

Da der Mensch ein oligolecithales Ei hat, kommt dem Dottersackkreislauf nur eine geringe Bedeutung zu. Er wird sehr schnell rückgebildet, die Gefäße - wie geschildert - umgebaut.

II. DER PLAZENTARKREISLAUF

Er hat für den Foet eine sehr große Bedeutung und heißt vor Ausbildung der Plazenta auch Allantois- oder Chorionkreislauf. Wenn die Plazenta angelegt ist, kann man folgenden BLUTWEG verfolgen (Abb. 94):

Zottenkapillaren

der PLAZENTA. In ihnen wird das Blut des Foetus vom mütterlichen Blut her mit Nährstoffen und Sauerstoff beladen. Abfluß in die

vena umbilicalis,

die durch die NABELSCHNUR in den Foet eintritt. An der Innenseite der Bauchwand steigt sie in der Mittellinie aufwärts bis an den Leberrand. Dort erfolgt Teilung in zwei Äste:

Ductus venosus (ARANTII) und

Pfortaderanastomose.

Der Ductus venosus (ARANTII) leitet direkt den Hauptteil des Blutes in die Vena cava inferior. Ein Teil des Blutes fließt über die Pfortaderanastomose in die Leber. Abfluß über die

Vena hepatica

in die

Vena cava inferior.

Somit werden das sauerstoffreiche Blut aus der Plazenta und das sauerstoffarme aus der V. cava inf. gemischt. Es fließt zusammen mit dem Zustrom aus der V. cava superior in den

rechten Vorhof.

Hier erfolgt eine Aufteilung des Blutvolumens. Ein Teil gelangt über das offene

Foramen ovale

direkt in den

linken Vorhof.

Hierbei scheint eine Falte am Einstrom der V. cava inf. (Valvula venae cavae inferioris EUSTACHII) den Blutstrom auf das Foramen hinzulenken.

Das Blut aus der V. cava superior wird durch eine andere Endocardfalte (Valvula sinus coronarii THEBESII) in die

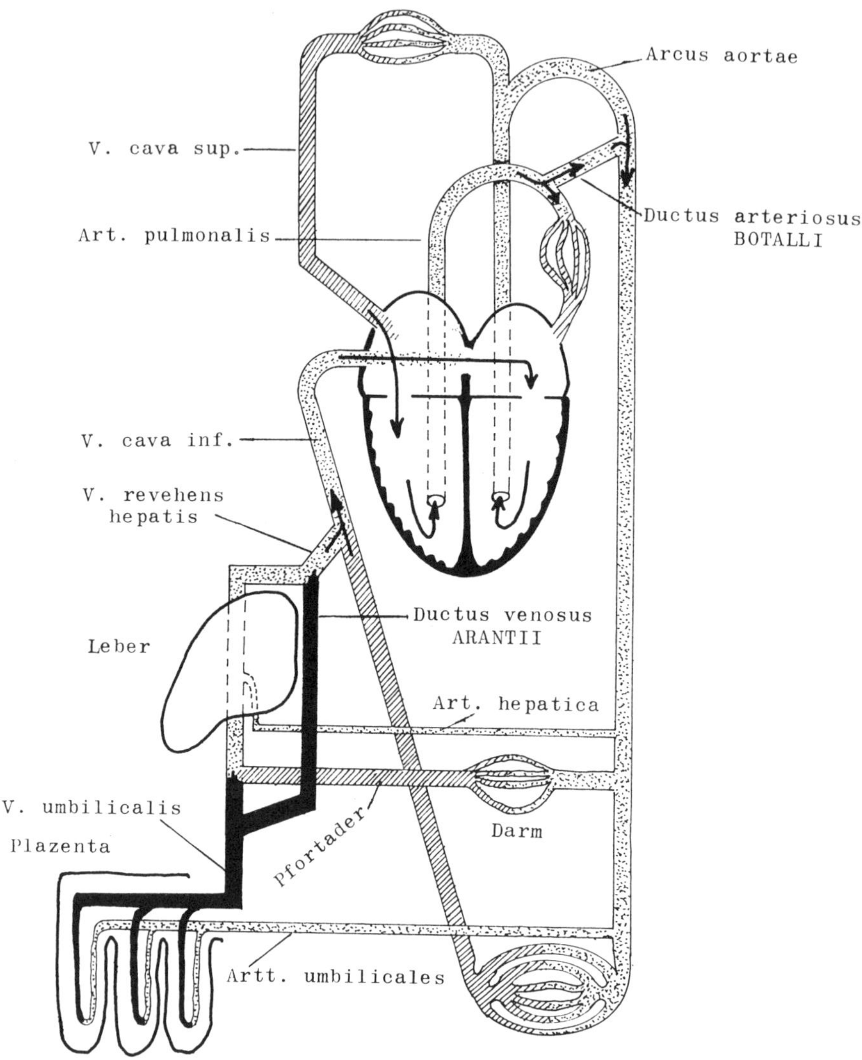

Abb. 94: Schema des foetalen Kreislaufs
Sauerstoffreiches Blut schwarz, sauerstoffarmes Blut gestrichelt, Mischblut punktiert.

rechte Kammer

gelenkt und von dort in die Art. pulmonalis gepumpt. Hier erfolgt eine weitere Aufteilung des Blutstromes: Ein kleiner Anteil des Pulmonalisblutes strömt in den noch funktionslosen

Lungenkreislauf

und ernährt die Lunge bis zu ihrer Entfaltung nach der Geburt. Der größte Teil des Pulmonalisblutes wird über eine Kurzschlußverbindung, den

Ductus arteriosus BOTALLI

in den absteigenden Ast der Aorta geleitet. Auf diese Weise wird der überwiegende Teil des Blutvolumens an der Lunge vorbeigeleitet.

Das Blut aus dem linken Vorhof ist größtenteils durch das Foramen ovale eingetreten, nur ein sehr kleiner Zufluß kommt aus den Venae pulmonales (Abfluß des Ernährungsblutes). Nach Eintritt in die

linke Kammer

erfolgt Austreibung in die

Aorta und Körperarterien.

Sie versorgen die foetalen Gewebe und splittern sich in

Kapillarnetze

der verschiedenen Organe auf. Abstrom erfolgt über die schon beschriebenen Venen in die

Vena cava inferior oder superior.

Zur Entfernung der Stoffwechselendprodukte und des CO_2 muß das Blut wieder in die Plazenta geführt werden. Das erfolgt über

2 Artt. umbilicales,

die von den Artt. iliacae int. abzweigen, rechts und links neben der Blase zur Innenseite der Bauchwand und aufwärts zum Nabel ziehen. Über die Nabelschnur erreichen sie die

Plazenta,

wo wiederum Aufsplitterung in die Zottenkapillaren und Abgabe des CO_2, sowie der Stoffwechselendprodukte, an das mütterliche Blut erfolgt.

Merke: Rein "arterielles" Blut (sauerstoffreich) fließt nur in der Vena (!) umbilicalis, rein "venöses" Blut (kohlensäurereich, sauerstoffarm), nur in der Vena cava superior und Vena cava inferior bis zum Einstrom der V. umbilicalis.

Alle Arterien des Foetus führen "Mischblut".

Die Leber nimmt eine gewisse Sonderstellung ein: Sie erhält Mischblut aus der Art. hepatica, "venöses" Blut aus der Pfortader und "arterialisiertes" Blut über die Umbilicalis-Pfortaderanastomose. Damit ist sie das bestversorgte foetale Organ.

Der foetale Kreislauf ist ein <u>einfaches</u> geschlossenes System. Erst nach der Geburt erfolgt Trennung in den kleinen Lungenkreislauf und den großen Körperkreislauf.

Merke: Im foetalen Kreislauf wird:

1. Die Lunge nur gering durchblutet,
2. das Blut zu einem Teil durch ein offenes Foramen ovale in das linke Herz geleitet (physiologischer Rechts-Links-Shunt zur Lungenumgehung)
3. das aus der re. Kammer stammende Pulmonalisblut über einen physiologischen Kurzschluß (Ductus BOTALLI) unter Umgehung der Lunge in die Aorta geführt.

Die Umstellung des Kreislaufs

Nach der Geburt des Kindes erfolgt die Abnabelung:

Unterbindung der Nabelgefäße
Durchschneiden der Nabelschnur.

Damit ist der Plazentarkreislauf völlig unterbrochen. Es finden jetzt sehr wichtige Umstellungen statt:

1. Die Nabelschnurgefäße kontrahieren sich und werden blutleer.

2. Durch Anreicherung von CO_2 im Blut wird das Atemzentrum gereizt und löst Bewegungen der Atemmuskulatur aus. Unterstützend wirkt Abkühlung, auf die das Neugeborene mit Schreien reagiert.

3. Die Entfaltung der Lunge durch Atembewegungen bedeutet einen Sog auf das von der Pulmonalis einströmende Blut. Der Lungenkreislauf tritt in Funktion.

4. Der Ductus arteriosus BOTALLI kontrahiert sich und verhindert damit den Übertritt des Blutes aus der Art. pulmonalis in die Aorta.
   Die völlige Verödung des Ductus zu einem narbigen Strang, der CHORDA DUCTUS ARTERIOSI, erfolgt erst im Laufe der ersten Lebensmonate.

5. Der linke Vorhof erhält jetzt sein gesamtes Blut über die Pulmonalvenen. Das große Volumenangebot bedeutet eine Drucksteigerung; das Septum primum über dem Foramen ovale wird deshalb zugedrückt und damit hämodynamisch verschlossen. Eine Verwachsung der Septen braucht aber einige Zeit (im Laufe des 1. Lebensjahres).

6. Die Vena umbilicalis verödet zur CHORDA VENAE UMBILICALIS

7. Jede Art. umbilicalis bleibt bis zur Blase als Art. vesicalis superior erhalten, der Rest verödet zur CHORDA ARTERIAE UMBILICALIS (re + li).

8. Aus dem Ductus venosus ARANTII wird die im Lig. teres hepatis verlaufende CHORDA DUCTUS VENOSI.

Die Blutzellen

Der Mensch durchläuft in seiner Entwicklung 3 Perioden der Blutbildung:

I. Mesoblastische Periode
II. Hepato-lienale Periode
III. Medulläre Periode

I. Mesoblastische Periode

Das Bildungsgebiet in dieser frühesten Zeit der Blutbildung ist der

Dottersackmesoblast (Hüllmesoderm).

Wie bereits geschildert, entstehen hier ab 2. Embryonalwoche die sog. BLUTINSELN, die sich in ANGIOBLASTEN und HÄMOCYTOBLASTEN sondern. Vergleiche zur weiteren Entwicklung Abb. 95.

Die Hämocytoblasten (oder Hämogonien)
sind große, völlig hämoglobinfreie Zellen. Ihre Zahl wird z.T. durch mitotische Teilung, z.T. durch Teilung von Endothelzellen erhöht. Einige dieser Hämocytoblasten wandeln sich zu den

Megaloblasten (primitive Erythroblasten)
durch Einlagerung von HÄMOGLOBIN um. Sie sind teilungsfähig und werden durch fortgesetzte Mitosen im Laufe der mesoblastischen Periode kleiner, aber stärker hämoglobinhaltig. Einige Zellen verlieren sogar ihren Kern und werden zu

Megalocyten.
Von der 2. Embryonalwoche an bis zum Ende des 2. Monats findet man deshalb in den Blutgefäßen des Embryos

3 Blutzelltypen:

1. Hämogonien (nur anfänglich, werden bald umgewandelt!)
2. Megaloblasten (prim. Erythroblasten), größte Anzahl, kernhaltig, mit Hämoglobin.
3. Megalocyten
kernlos, mit Hämoglobin.

Merke: Die mesoblastische Periode ist ein frühembryonales Stadium der Blutzellentwicklung. Sie ist durch große hämoglobinhaltige Zellen (Megaloblasten und Megalocyten) gekennzeichnet. Leukocyten fehlen noch.

II. Hepato-lienale Periode

Sie löst die erste Periode ab und beginnt etwa am Ende des 2.

Embryonalmonats. Als BLUTBILDUNGSSTÄTTEN fungieren

Leber: vom 2. bis 10.Monat
Milz: vom 5. bis 7. Monat

Der Zellbildungsmodus ist hier ein gänzlich anderer als in der I. Periode. Die Ausgangszelle ist die

Mesenchymzelle.

Sie ist innerhalb der Leber nicht mehr als freie, amöboid-bewegliche, sternförmige Zelle vorhanden, sondern als

Retikulumzelle

des Leberstromas. Einzelne Retikulumzellen lösen sich aus dem Zellverband und runden sich zu den perivaskulär liegenden STAMMZELLEN der Blutbildung ab. Man findet

PROERYTHROBLASTEN

als Stammzellen für die roten Blutkörperchen und

MYELOBLASTEN

als Stammzellen für die weißen Blutkörperchen (mit Ausnahme der Lymphocyten). Lymphocyten fehlen anfänglich völlig.

Die weitere Differenzierung (nach ROHR):

Proerythroblast,

großer, runder Zellkern, basophiles (blaues) Cytoplasma. Oft nicht vom Myeloblasten zu unterscheiden.

Makroblast,

kleiner als Proerythroblast. Alle Übergänge zwischen rein basophilem bis leicht acidophilem Cytoplasma. Zunehmend Einbau von Hämoglobin. Diese Zellart kann sich durch Mitosen sehr stark vermehren.

Normoblast (Erythroblast)

Größe eines Erythrocyten, aber kernhaltig. Stärkste Teilungsfähigkeit; wichtigste Stufe der Zellzahlvermehrung.

Normocyt (Erythrocyt)

kernlose rote Blutzelle mit Hämoglobin. Sie wird in das strömende Blut abgegeben.

Die Entkernung der Normoblasten erfolgt z.T. durch Auflösung (Karyolyse) nach vorangehender Kernschrumpfung (Kernpyknose), z.T. auch durch Kernausstoßung.

Unter den weißen Blutzellen aus der Leber laufen andere Differenzierungen ab:

Myeloblast

15 μ groß; runder Zellkern, nur wenig basophiles Cytoplasma. Große Ähnlichkeit mit dem Proerythroblasten.

Promyelocyt

Feingranuliertes Cytoplasma (Azurgranula), größer als Myeloblast. Häufige Mitosen.

Myelocyt

Verschiedene Stufen der Ausreifung. Kleiner als Promyelocyt, grobe Granula. Cytoplasma wird zunehmend acidophil (rötlich)

Metamyelocyt

Bohnenförmiger Zellkern. Heißt auch "jugendlicher Granulocyt"

Granulocyt

Ausgereifte weiße Blutzelle mit stabförmigem oder segmentiertem Zellkern.

je nach der Farbe der Granula unterscheidet man:

- eosinophile Granulocyten (rote Granula)
- basophile Granulocyten (blauviolette Granula)
- neutrophile Granulocyten (blaßblaue Granula)

Über Eigenschaften und Aussehen der reifen Blutzellen siehe AUXILIUM-Repetitorium der Histologie, 2. Teil!

Beachte: Der Name "HÄMOCYTOBLAST" (nach MAXIMOW) wird gegenwärtig in zwei verschiedenen Bedeutungen benutzt:

1. Name für die Blutkeimzellen (Abkömmlinge des Mesenchyms) während der embryonalen Blutzellentwicklung. Allgemein anerkannt.
2. Von manchen Autoren als gemeinsame Bezeichnung für den Proerythroblasten und Myeloblasten in der postnatalen Blutbildung benutzt (sog. Unitarier). Diese Bedeutung ist sehr umstritten !

Anmerkung: Daneben gibt es den Begriff "HÄMOHISTIOBLAST" oder FERRATA-Zelle, die nicht mit dem Hämocytoblasten verwechselt werden darf (nach ROHR: durch Objektträgerausstriche veränderter, halbreifer Myeloblast; fehlgedeutet!).

Aus dem Myeloblasten können noch hervorgehen:

a) Megakaryoblast

eine besondere Abart, die sich durch Wachstum zu einer Riesenzelle, den

Megakaryocyten

entwickelt. Aus ihm werden durch Abschnürung die

Thrombocyten

gebildet.

b) Monocyt

Der Myeloblast kann sich unter bestimmten Umständen zu Monocyten differenzieren. Daneben gibt es aber sicher "monocytäre Zellen" als Blutformen der Histiocyten, die sich nicht vom Myeloblasten ableiten.

III. Medulläre Periode

Bildungsgewebe ist das Knochenmark. Stammzelle ist die zur Retikulumzelle abgewandelte Mesenchym-Zelle. Die Zelldifferenzierungen sind die gleichen wie in der hepato - lienalen Periode. - Erster blutbildender Knochen überhaupt ist die Clavicula.

Die Lymphocyten

Die Lymphocyten machen eine abweichende Entwicklung durch. Stammzelle ist die

Mesenchymzelle,
: später RETIKULUMZELLE in den lymphatischen Geweben (Thymus, Milz, Lymphknoten). Daraus werden

Lymphoblasten
: oder große Lymphocyten, die durch weitere Reifung zu den reifen

kleinen Lymphocyten
: des strömenden Blutes werden. Lymphocyten werden erst ab 4. Embryonalmonat im foetalen Blut gefunden.

PLASMAZELLEN

sind nach Ansicht vieler Autoren durch Toxine oder Fremdeiweiße (Antigene) angereizt aus den Lymphoblasten entstanden. Sie sind die Bildner spezifischer Antikörper (der γ-Globuline).

Einige Autoren (NAEGELI;ROHR) halten die Plasmazellen für besondere Reizformen der Myeloblasten (sog. myeloische Plasmazellen).

Merke: Unterschiede zwischen foetaler und postnataler Blutbildung:

A. Foetal:

1. Ausbildung der Stammzellen aus dem Mesenchym
2. 4 verschiedene Orte der Blutbildung:
    1. Dottersackmesoblast (Hüllmesoderm)
    2. Leber
    3. Milz
    4. Knochenmark.
3. Kernhaltige rote Blutkörperchen sind in den ersten 3 Monaten normal (Megaloblasten).
4. Die Megalocyten und Normocyten enthalten z.T. foetales Haemoglobin (siehe weiter unten).
5. Vorübergehend können auch andere Stellen Blut bilden: Subcutis, Großes Netz (sog. Milchfleckengebiete).
6. 3 Blutbildungsperioden werden durchlaufen:
    1. Mesoblastische Periode 2. Woche bis 2. Monat
    2. Hepato-lienale Periode 2. bis 7. (9) Monat
    3. Medulläre Periode ab 5. Monat

B. Postnatal

1. Die Blutbildung nimmt ihren Ausgang von determinierten Stammzellen:

   Proerythroblast
   Myeloblast

2. Blutbildung nur im Knochenmark (medulläre Periode)

3. Normalerweise keine kernhaltigen roten Blutkörperchen

4. Die Erythrocyten enthalten Erwachsenen-Haemoglobin (adultes Hb).

5. Lymphocyten werden nur vom lymphatischen System gebildet.

Abb. 95: MESOBLASTISCHE PERIODE (2. Woche bis 2. Monat)

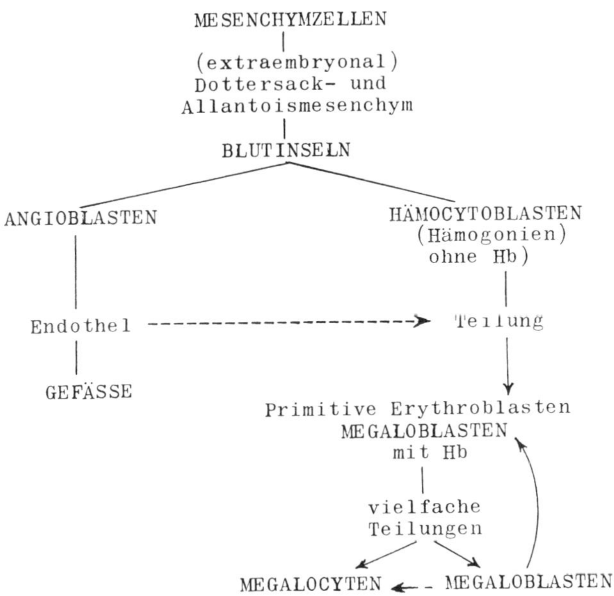

Anmerkung: Nur für Fleißige!!

Foetales Haemoglobin

Der rote Blutfarbstoff HAEMOGLOBIN besteht aus zwei Komponenten

I. Häm = Eisenhaltiges Porphyrin
II. Globin = Eiweißanteil; jeweils 4 Ketten hängen an einem Hämmolekül.

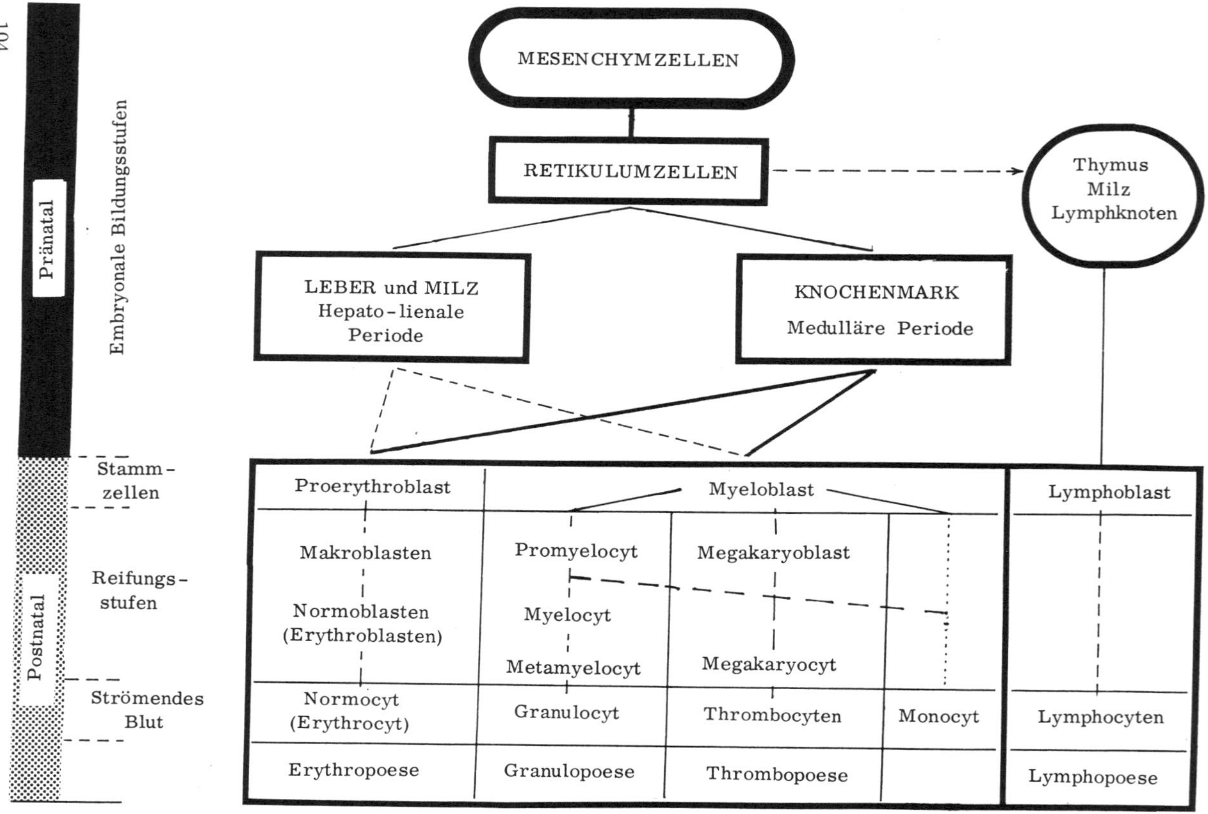
Pränatal
Embryonale Bildungsstufen
Postnatal
Stamm-zellen
Reifungs-stufen
Strömendes Blut
MESENCHYMZELLEN
RETIKULUMZELLEN
Thymus
Milz
Lymphknoten
LEBER und MILZ
Hepato-lienale
Periode
KNOCHENMARK
Medulläre Periode
Proerythroblast
Myeloblast
Lymphoblast
Makroblasten
Normoblasten
(Erythroblasten)
Promyelocyt
Myelocyt
Metamyelocyt
Megakaryoblast
Megakaryocyt
Normocyt
(Erythrocyt)
Granulocyt
Thrombocyten
Monocyt
Lymphocyten
Erythropoese
Granulopoese
Thrombopoese
Lymphopoese

E

Zu I: Das Häm hat als Grundgerüst das Porphyringerüst (= Tetrapyrrolring). Darin können die 4 Pyrrolringe in 4 verschiedenen Gruppierungen (= Isomere) vorkommen. Im menschlichen Körper wird aber nur das sog.

Porphyrin I (beim Foetus) und
Porphyrin III (beim Erwachsenen)

synthetisiert und zum Aufbau der Erythrocyten verwandt. Die Synthese des Typs I wird schnell verlassen.

Zu II: Das Globin hat in neuerer Zeit großes Interesse erlangt:

An jedem Hämmolekül sitzen
4 gefaltete Eiweißseitenketten.

Die Seitenketten sind unterschiedlich zusammengesetzt und werden mit griechischen Buchstaben (α,β,γusw) bezeichnet. Die α-Kette enthält 142 Aminosäuren (BRAUNITZER, 1961). Das häufigste normale Erwachsenen-Hämoglobin (adultes Hb) heißt Hb A und besteht aus

1 Häm
2 α Ketten
2 β Ketten

Durch kleine Veränderungen in der Aminosäuresequenz entsteht hieraus eine Variante, das sog. Hb A_2 (2α- und 2δ-Ketten). Wenn man bei einem gesunden normalen Erwachsenen das Hämoglobin untersucht (sog. Hämoglobinelektrophorese = Wandernlassen des Hämoglobinmoleküls in einem Gleichstromfeld; wie Serum-Elektrophorese), dann findet man folgende Zusammensetzung:

Adultes Hämoglobin =	1. Hb A	98 %
	+ 2. Hb A_2	2 %
	+ 3. Hb F	Spur

Das Hb F heißt FOETALES HAEMOGLOBIN und ist der Hauptbestandteil der foetalen Erythrocyten.

Foetales Hb (Hb_F) = 1 Häm
+ 2 α-Ketten
+ 2 γ-Ketten

Das Neugeborene hat 70-80 % Hb F und 20-30 % adultes Hb. Um etwa 5 % pro Woche wird Hb F gegen Hb A ausgewechselt. Durch Abweichungen in der Aminosäurefolge hat man eine ganze Anzahl von pathologischen Hämoglobinen abgegrenzt (sog. Hämoglobinopathien).

Merkwürdigerweise hat man aus den Megaloblasten der mesoblastischen Periode ein besonderes Hämoglobin darstellen können, das nur in den ersten 2 Embryonalmonaten nachweisbar ist, als PRIMITIV-HÄMOGLOBIN (Hb P) bezeichnet wird und sich durch Elektrophorese in 2 Komponenten (sog. Fraktion Gower I und II) zerlegen läßt.

Eigene Notizen:

Das Urogenitalsystem

Die Harnorgane

Die eigentlichen Ausscheidungsorgane für im Blut gelöste Stoffwechselendprodukte (die Niere, die harnleitenden Wege) und die Geschlechtsorgane (Keimdrüsen, Geschlechtskanäle) entstehen aus gemeinsamen embryonalen Anlagen.

Die Nieren

Beim Menschen werden embryonal drei verschiedene NIERENSYSTEME angelegt:

1. Vorniere = PRONEPHROS
2. Urniere = MESONEPHROS
3. Nachniere = METANEPHROS

Die Vorniere findet sich als tätiges Organ im Tierreich bei einigen Fischen. Bei den meisten höheren Fischen und bei den Amphibien ist aber schon die Urniere als das eigentliche Ausscheidungsorgan nachzuweisen. Von den Reptilien an über Vögel, Säugetiere und Mensch ist die Nachniere entwickelt, dagegen Vor- und Urniere in den Dienst der Geschlechtsorgane getreten.

Merke: Alle 3 Nierengenerationen entstehen aus den URSEGMENT-STIELEN des Mesoderms. Man nennt diese Gewebsteile deshalb auch

N E P H R O T O M E

DIE VORNIERE

Sie entsteht aus den ersten 10 Ursegmentstielen. Vergleiche zum Text die Abb. 97. Aus jedem Ursegmentstiel wächst ein kleiner Schlauch aus, der sich nach caudal umbiegt. Die einzelnen Anlagen sehen wie Haken aus. Auf diese Weise erreicht jeweils die vordere Anlage die nachfolgenden. Alle Anlagen verbinden sich untereinander (Abb. 100), es entsteht ein einheitlicher Strang,

der Vornierengang,

der im Inneren hohl und damit zu einem "primären Harnleiter" wird. Der Vornierengang zieht an der dorsalen Leibeswand abwärts und mündet in die KLOAKE. Während die eigentlichen Vornieren rückgebildet werden, bleibt der Vornierengang erhalten.

Anmerkung:

Eine vollkommene Ausdifferenzierung der Vorniere wird beim Menschen nie erreicht, weil bereits frühzeitig die Rückbildung beginnt. Aus Untersuchungen an Tieren kennt man aber die typische Struktur der VORNIERE. Vergl. hierzu Abb. 99:

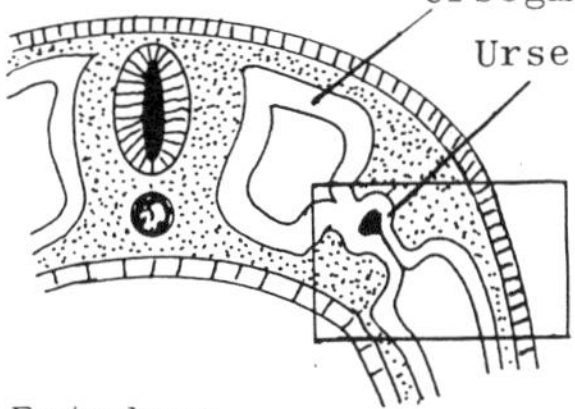

Abb. 97: Schema der Lage der Ursegmentstiele.

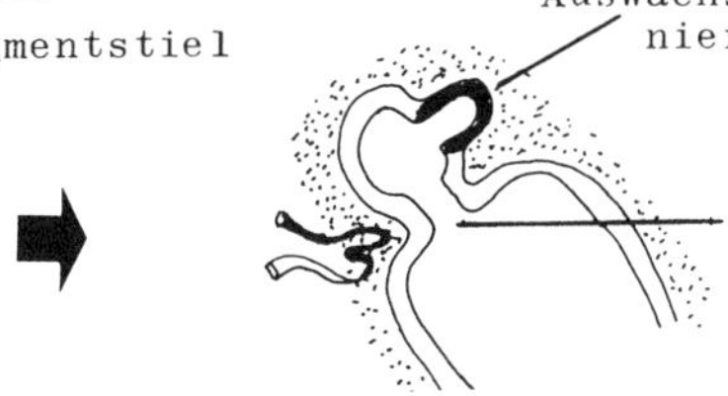

Abb. 98: Vornierenentwicklung. Etwas fortgeschrittenes Stadium gegenüber Abb. 97; vergrößerte Darstellung.

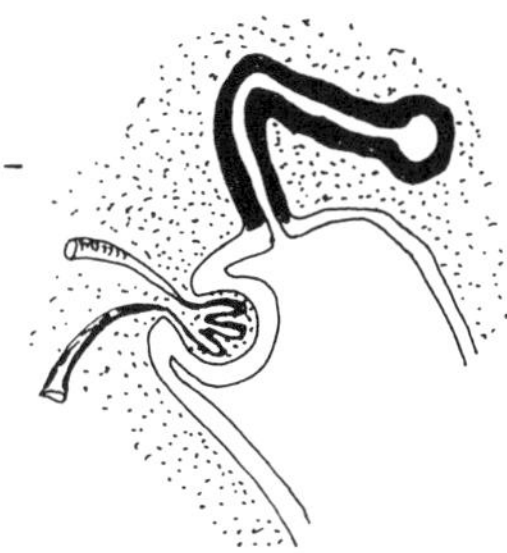

Abb. 99: Fertiges Vornierenkanälchen. Die Glomerulumschlinge stülpt sich in die Coelomhöhle vor.

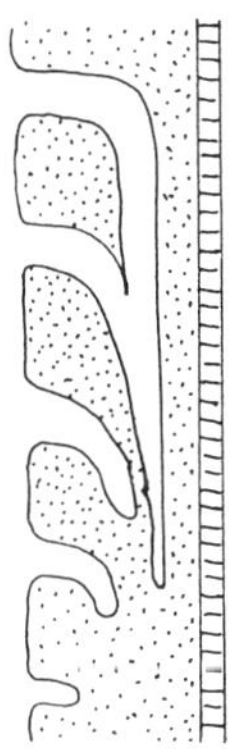

Abb. 100: Seitenansicht der nach seitlich und caudal zum Vornierengang auswachsenden Vornierenkanälchen (unter Verwendung einer Abb. von BOENIG)

Die Vorniere hat eine offene Verbindung zur Leibeshöhle (Nephrostom) und kann die Leibeshöhlenflüssigkeit aufnehmen. Flimmerzellen ermöglichen den Flüssigkeitsstrom und dienen der Aufnahme von Abfallstoffen. Neben dem Nephrostom wird die Leibeshöhlenwand durch ein Gefäßknäuel (= Glomerulum) vorgebuckelt. Der Glomerulus scheint zur Abscheidung von Stoffwechselprodukten befähigt zu sein. - Diese Vorniere funktioniert z.B. beim Lanzettfischchen (Amphioxus).

Merke: Das Wichtigste an der Vorniere ist:

1. Sie hat eine offene Verbindung mit der Leibeshöhle.
2. Das Glomerulum gibt seine Abfallstoffe in die freie Coelomhöhle ab.

DIE URNIERE

Alle Ursegmentstiele der Rumpfgegend unterhalb der Vornieren-anlage bis etwa zum 3. Lendensegment werden als das

mesonephrogene Blastem

bezeichnet und sind die Anlagen der Urniere. Neben diesem Gewebe läuft der von der Vorniere stammende VORNIERENGANG vorbei. Jeder Ursegmentstiel heißt zuerst

URNIERENKUGEL
und ist ein solider Zellhaufen. Er formt sich durch Bildung eines Hohlraumes zum
URNIERENBLÄSCHEN
um. Das Bläschen wächst nach zwei Seiten in die Länge und erreicht auf der einen Seite den Vornierengang. Sobald es mit ihm verwachsen ist, wird dessen Name umgewandelt in
URNIERENGANG = WOLFF'scher Gang

Beachte: Der Urnierengang ist keine Neubildung, sondern der vorher angelegte Vornierengang.

Die andere Seite des Urnierenbläschens wird auch verändert. Von der Aorta wachsen zahlreiche Seitenäste aus, die ein
KAPILLARENKNÄUEL = GLOMERULUM
bilden. Jedes Glomerulum drückt sich in die Seitenwand eines Urnierenbläschens handschuhfingerförmig (Abb. 102) ein. Damit ist ein
URNIERENKÖRPERCHEN
entstanden. Es ist fast genauso gebaut, wie die Nierenkörperchen (MALPIGHI'sche Körperchen) der bleibenden Niere. Es besteht aus einem

Glomerulum und einem
Epithelüberzug (BOWMAN'sche Kapsel)

aus dem Urnierenbläschen. Zwischen Urnierengang und Urnierenkörperchen wächst das Urnierenbläschen zu einem gewundenen Schlauch aus. Er ist die Anlage des
URNIERENTUBULUS
Man unterscheidet einen medialen Schenkel (gleich hinter dem Nierenkörperchen) als
TUBULUS SECRETORIUS
von einem lateralen Schenkel =
TUBULUS COLLECTIVUS,
der in den Urnierengang mündet.

Die Urniere ist am Ende des 1. Embryonalmonats beim Menschen am stärksten entwickelt. Sie besteht dann aus einer Kette von Urnierenanlagen, die rechts und links an der dorsalen Leibeshöhlenwand liegen und - wie auf dem Querschnitt der Abb. 103 zu erkennen ist - das Coelomepithel vorbuchten. Dadurch entstehen zwei Falten = URNIERENFALTEN. Von ihnen spalten sich später je eine neue Falte = GESCHLECHTSFALTE als Anlage der Keimdrüsen ab (siehe später).

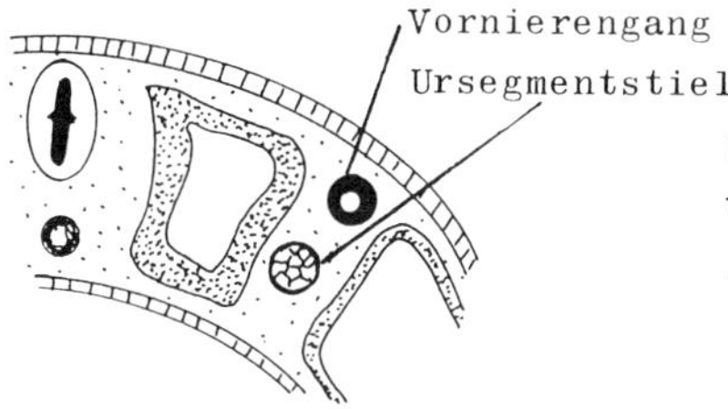

Abb. 101: Schnittbild zur Demonstration der Ausgangssituation bei der Urnierenbildung.

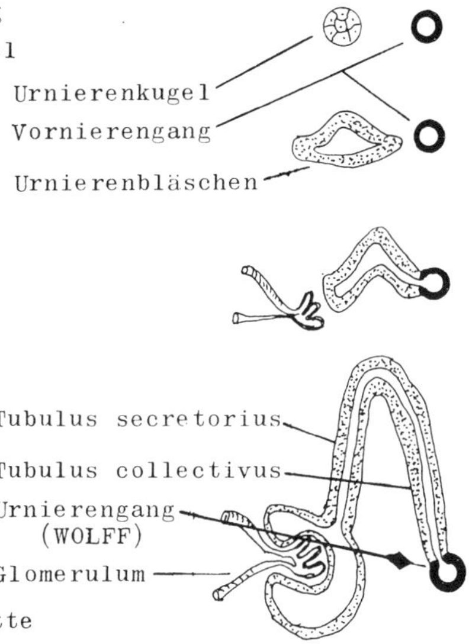

Abb. 102: Schema der Urnierenentwicklung

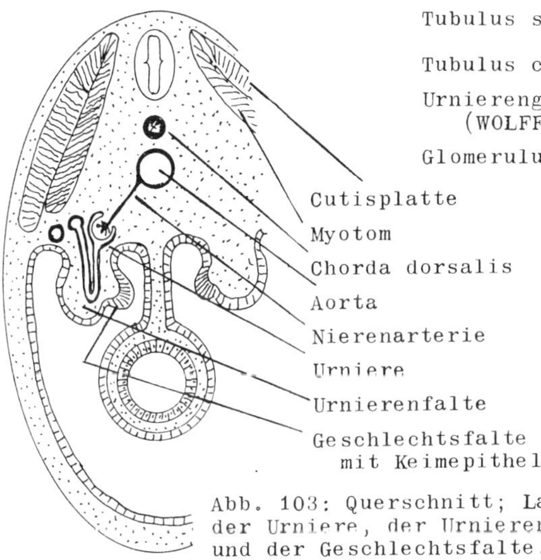

Abb. 103: Querschnitt; Lage der Urniere, der Urnierenfalte und der Geschlechtsfalte.

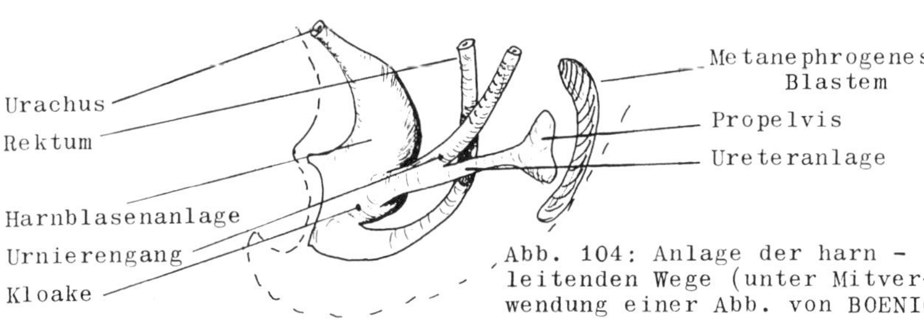

Abb. 104: Anlage der harn - leitenden Wege (unter Mitverwendung einer Abb. von BOENIG)

Aus der Urniere wird:

1. Der größte Teil rückgebildet (5/6!)
2. Von dem Rest bleibt auch nur ein geringer Teil erhalten (sog. EPIGENITALIS) und tritt später in den Dienst der Geschlechtsorgane, während die übrigen Anteile (sog. PARAGENITALIS) auch rückgebildet werden.

DIE NACHNIERE

Die Nachniere (bleibende Niere des Menschen) enthält zwei verschiedene Gewebsteile. Dabei werden

1. aus dem Urnierengang das harnleitende System (die Sammelrohre, das Nierenbecken und der Ureter),
2. aus dem sog. metanephrogenen Blastem die harnbereitenden Nephrone (BOWMAN'sche Kapsel, Hauptstück, Mittelstücke, Überleitungsstücke). Das metanephrogene Blastem liegt caudal der Urnierenanlage.

1. Das harnleitende System

Der Urnierengang mündet in die Kloake (Abb. 104) und hat keinerlei Verbindung zu dem Anlagegebiet der Nachniere (metanephrogenes Blastem) im Bereich der Sacralsegmente. Kurz vor der Einmündung des Urnierenganges in die Kloake entsteht auf jeder Seite eine Aussprossung, die

URETERKNOSPE.
Sie wächst in die Länge und in Richtung auf das metanephrogene Gewebe (Nachnierenanlage). Der vorangehende Teil der Knospe wird dabei zu einer kugeligen Blase, dem

PROPELVIS (primäres Nierenbecken)
als Anlage des späteren Nierenbeckens, während das Verbindungsstück zum Urnierengang hin die

URETERANLAGE
darstellt.

Das Propelvis wächst in das metanephrogene Gewebe hinein. Beide Gewebe werden durch Wachstumsvorgänge an der Urnierenanlage vorbeigeschoben in das Gebiet des späteren tatsächlichen Nierenlagers.

Merke: Die Nachniere wird ursprünglich im Sacralgebiet angelegt und macht in der Entwicklung einen ASCENSUS (Aufstieg) durch.

Aus dem Propelvis entstehen durch Aussprossung zahlreiche Röhrchen, die die Anlage für Nierenkelche und Sammelrohre darstellen.

2. Das harnbereitende System

Nach dem Ascensus sitzt das metanephrogene Gewebe wie eine

Kappe auf dem Propelvis. Aus dem Propelvis wachsen jetzt 6 Seitenäste aus, die das metanephrogene Gewebe in größere Zellhaufen zerlegen. Durch weitere Seitenäste wird die Nierenanlage immer weiter zerlegt, bis nur noch kleine Zellhaufen zwischen den Seitenästen liegen. Jeder Zellhaufen wird zu einem

NEPHRON

nach dem gleichen Bildungsmodus, wie er bei der Urniere beschrieben wurde, nämlich:

Zellhaufen, daraus Nierenbläschen.

Es wächst in die Länge und wird zum

Nierenkanälchen.

An einem Ende verbindet es sich mit einem Seitenast aus dem Propelvis (Sammelrohranschluß) auf der anderen Seite wächst ein Kapillarknäuel ein und bildet das

Glomerulum.

Die Zellen des Nierenbläschens um das Glomerulum herum bilden die BOWMAN'sche Kapsel. Zwischen Sammelrohr und Glomerulum windet sich das Nierenbläschen und wird zum

Tubulussystem

aus a) Hauptstück
b) Überleitungsstück
c) Mittelstück

Beachte: Die Sammelrohre gehören schon zum harnleitenden System und stammen aus der Ureterknospe!

Merke: Bis zur Geburt hat der Foet auf diese Weise ca 2 Millionen Nephrone angelegt. Nach der Geburt ist eine Neubildung nicht mehr möglich! Damit verhält sich die Niere ebenso wie das Gehirn, wo der Zellbestand nach der Geburt nicht mehr erneuert und abgestorbene Anteile durch eine Narbe ersetzt werden.

Die embryonale Niere zeigt eine besondere gelappte Oberflächenstruktur (Abb. 105), die RENCULI (Nierenläppchen). Jeder Renculus entspricht einem Hauptast aus dem Propelvis. Die Renculistruktur verliert sich beim Kinde sehr schnell - die Niere bekommt eine glatte Oberfläche. Manche Tiere (Rinder) haben zeitlebens eine gelappte Niere. Die Nierentätigkeit beginnt im 6. Embryonalmonat, hat aber nur geringe Bedeutung (Plazenta funktioniert als Ausscheidungsorgan!!).

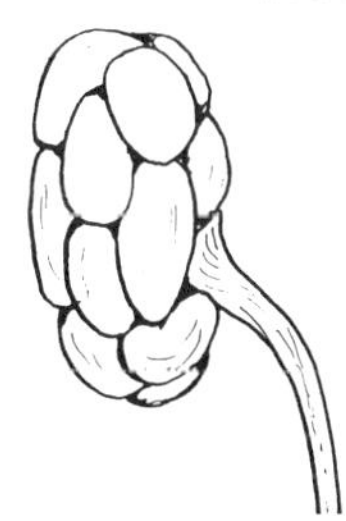

Abb. 105: Renculistruktur der fötalen Niere (eigene Beobachtung).

Anmerkung: Nur für Fleißige!

Mißbildungen der Nieren

1. Angeborene Cystenniere

Ursache: Die Nierenbläschen haben keinen Anschluß an das Sam-

melrohrsystem. Bei Abscheidung von Urin aus den Glomerula wird dann das Nephron zu einer Flüssigkeitsblase aufgetrieben = Cyste.
Wenn neben den Cysten ausreichend normale Nephrone vorhanden sind, ist das Kind lebensfähig. Lebenserwartung: 40 Jahre ! Cystennieren sind oft mit Leber- und Pankreascysten kombiniert!

2. Dystopische Nieren

= Niere liegt am falschen Platz, z.B. im kleinen Becken. Hier ist der Nierenascensus ausgeblieben (Beckenniere).

3. Hufeisenniere

Rechte und linke Niere sind an ihrem unteren Pol miteinander verwachsen.

4. Ureter fissus

oder Spaltureter. Doppelter Ureter einer Niere.

DIE KLOAKE

Aussehen und Lage der Kloake wurde bereits auf Abb. 59, Seite 62 dargestellt. Für die Harnorgane ist wichtig:

Die Kloake
ist anfänglich ein einheitlicher Hohlraum, der mit der Kloakenmembran das Ektoderm erreicht (Abb. 59). Durch eine Querfalte, das Septum urorectale, wird

1. ein ventraler Kloakenteil für das Urogenitalsystem und
2. ein dorsaler Kloakenteil für das Rektum abgetrennt (siehe Seite 62).

Der ventrale Kloakenteil

In ihn mündet der WOLFF'sche Gang (Urnierengang) zusammen mit der Ureteranlage. Später werden beide Teile getrennt und münden isoliert. Am oberen Pol der Kloake geht der Allantoisgang ab. Er heißt später URACHUS und ist eine Verbindung zwischen Nabel und Harnblase; verödet später zur Chorda Urachi (liegt unter der Plica umbilicalis medialis). Anmerkung: In seltenen Fällen unterbleibt die Verödung des Urachus und es kommt nach der Abnabelung zum Harnträufeln aus dem Nabel = Urachusfistel.

Die Mündung des WOLFF'schen Ganges in die ventrale Kloake wird als Grenzpunkt genommen:

cranial = Harnblasenanlage
caudal = Sinus urogenitalis.

SINUS UROGENITALIS

Diese Anlage verändert sich entsprechend dem späteren Geschlecht:

a) beim männlichen Foet
   zu einem Teil der Harnröhre
   Zur Prostata

b) beim weiblichen Foet
   zur weiblichen Harnröhre,
   teilweise zur Vagina,
   Paraurethraldrüsen.

Die Keimdrüsen

Bei beiden Geschlechtern erfolgt die Anlage der Keimdrüsen an der gleichen Stelle. Anfangs sind männliche und weibliche Anlagen nicht zu trennen (Indifferenzstadium). Bei der Anlage müssen wir 2 Tatsachen kennen:

I. Ort der Keimdrüsenanlagen

Medial von jeder Urnierenfalte (Abb. 103) wird das dortige Coelomepithel verdickt und heißt

KEIMEPITHEL.

Es hat mit den Geschlechtszellen nichts (!) zu tun, sondern ist lediglich der Mutterboden für die Ansiedelung der Urgeschlechtszellen.

II. Herkunft der Geschlechtszellen

Die URGESCHLECHTSZELLEN heißen

ARCHIOSPERMIOGONIEN

wenn sie einen männlichen Chromosomensatz haben, oder

OOGONIEN,

wenn sie weiblich determiniert sind.

Für die Herkunft der Urgeschlechtszellen wird

Die Keimbahntheorie (BOVERI)

als Erklärung benutzt: Man weiß von Würmern und niederen Tieren, daß sich bereits von der Morula oder vom Keimschild besondere Zellen abspalten, die an den Gestaltungsprozessen nicht teilnehmen. Sie liegen zuerst im Mesenchym des Dottersackes und wandern allmählich in das Gebiet des dorsalen Coelomepithels. Dort besiedeln sie schließlich das Keimepithel der Gonadenanlagen. Experimentelle Befunde machen diese Theorie auch für höhere Wirbeltiere wahrscheinlich. Für den Menschen ist man nur auf Analogieschlüsse angewiesen.

DIE GONADEN

Hiermit bezeichnet man das Indifferenzstadium der Keimdrüsen. Jeder Embryo hat eine rechte und linke Gonade. Sie besteht aus

1. Keimepithel
2. Mesenchymzellen
(unter dem Keimepithel).

Die Gonaden bilden eine medial von den Urnieren und lateral vom Darm liegende Keimdrüsenfalte (Plica genitalis).

Die männlichen Keimdrüsen

Die Gonaden werden zum HODEN (Testis), wenn Archiospermiogonien einwandern (2. Embryonalmonat) Ergebnisse:

1. Hodenstränge

Das Mesenchym bildet um die einwandernden Urgeschlechtszellen Stränge, aus denen später die

TUBULI SEMINIFERI (Samenkanälchen)

werden.

2. SERTOLI-Zellen

Ein Teil der Mesenchymzellen aus den Hodensträngen wird zu den SERTOLI'schen Stützzellen (siehe Seite 10)

3. Spermiogonien

Sie entstehen aus den Archiospermiogonien und besiedeln das Innere der Hodenstränge. Ihre weitere Entwicklung zu Spermien wurde auf Seite 7 beschrieben.

4. LEYDIG'sche Zwischenzellen

entstehen aus Mesenchymzellen zwischen den Tubuli contorti (seminiferi).

Die weiblichen Keimdrüsen

Die Gonaden werden zum OVAR durch Einwandern der UREIER (OOGONIEN). Hierbei ergeben sich an den Gonaden folgende Veränderungen:

1. Die Eiballen

Die einwandernden Ureier werden von einem dichten Mesenchymmantel umhüllt. Sie liegen haufenförmig beieinander.

2. Die Primärfollikel

Die Eiballen werden durch das Mesenchym zerlegt. Die Oogonien teilen sich sehr stark (Vermehrungsperiode; Gesamtzahl ca 400 000!) und werden von einer Zellhülle = Follikelepithel umhüllt. Je eine Oogonie mit Follikelepithel heißt PRIMÄRFOLLIKEL.

Die Neubildung von Primärfollikeln ist bis zum 2. Lebensjahr abgeschlossen. Die weitere Entwicklung wurde bereits Seite 13 beschrieben.

DIE GESCHLECHTSWEGE

Ebenso wie die Gonaden bei beiden Geschlechtern anfänglich indifferent sind, so sind auch die Geschlechtswege anfänglich gleichartig. Dieses Indifferenzstadium ist auf Abb. 106 dargestellt. Wir finden folgende Teile:

1. die Urniere
2. den Urnierengang = WOLFF'scher Gang (mündet in den ventralen Kloakenrest)
3. die Keimdrüsenanlagen als Plica genitalis neben der Urniere
4. den MÜLLER'schen Gang.
   Dieses Organ wurde bisher noch nicht beschrieben. Es entsteht ungefähr in Höhe des späteren Zwerchfells als eine trichterartige Einsenkung des dortigen Coelomepithels. Die Trichteröffnung bleibt erhalten; der Gang selbst wächst parallel zu dem WOLFF'schen Gang in die Kloake.
   Die Mündungsstelle heißt MÜLLER'scher Hügel.

Durch Umbildung und Verlagerung werden aus diesen 4 Anlagen die männlichen und weiblichen Geschlechtsorgane. Die Umbildungen sind in der Übersichtstabelle Abb. 107 zusammengefaßt.

Abb. 107: Tabelle der Geschlechtsorgane

Indifferenzstadium	männlich	weiblich
Keimdrüse	Hoden	Ovar
Urniere a) cranial (Epigenitalis) b) caudal (Paragenitalis)	 Ductuli efferentes (Paradidymis) GIRALDES'sches Organ	 Epoophoron (Paroophoron)
Urnierengang (WOLFF)	1. Ductus epididymidis 2. Ductus deferens 3. Ductus ejaculatorius 4. Glandula vesiculosa	(Gang des Epoophoron) (GARTNER'sche Gänge; nur gelegentlich; liegen in der Vaginalwand).
Urnierengangsmündung	Trigonum vesicae	Trigonum vesicae
MÜLLER'scher Gang	Appendix epididymidis Utriculus prostaticus (sog. männliche Vagina)	Tube Uterus Vagina (oberer Anteil)

Die Verlagerung der Keimdrüsen

Männliche und weibliche Keimdrüsen liegen ursprünglich etwa in der Lendengegend. Von dort werden sie verlagert.

Das Ovar

kommt aus der senkrechten Haltung in eine Querlage und wird an die Wand des großen Beckens gehoften.

Der Hoden

wandert ebenfalls abwärts = DESCENSUS TESTIS. Er wird dabei durch eine schlitzförmige Öffnung in der Bauchwand (Leistenkanal) in das Skrotum geleitet. Den Leitweg gibt eine Ausstülpung des Peritoneums = Processus vaginalis peritonei ab, die den Leistenkanal durchzieht.

Ab 7. Embryonalmonat wandern die Hoden unter dem Peritonealgewebe durch den Leistenkanal. Das Fehlen der Hoden im Skrotum beim Neugeborenen gilt als Zeichen der Unreife. Wird der Descensus nicht nachgeholt und die Hoden bleiben im Leistenkanal stecken, so spricht man vom KRYPTORCHISMUS.

Die äußeren Genitalien

im 2. Embryonalmonat befinden sich die äußeren Genitalorgane noch in einem völlig indifferenten Zustand. Man findet folgende Teile (Abb. 108):

ORIFICIUM UROGENITALE

als Öffnung des Sinus urogenitalis (siehe Seite 112) nach außen. Darüber erhebt sich ein Gewebsfortsatz, der

GESCHLECHTSHÖCKER (Phallus)

Mit dem Wachstum des Geschlechtshöckers wird das Orificium urogenitale zu einem Schlitz, der

URETHRALRINNE (Urogenitalrinne)

ausgezogen. Rechts und links wird diese Rinne von zwei Gewebsfalten, den

GESCHLECHTSFALTEN

begrenzt. Noch weiter nach außen folgen zwei ringförmig angeordnete

GESCHLECHTSWÜLSTE.

Diese Anlagen werden entsprechend der geschlechtlichen Determinierung umgebildet:

Geschlechtshöcker	Penis	Clitoris
Geschlechtsfalten	Urethra	Labia minora
Geschlechtswülste	Skrotum	Labia majora

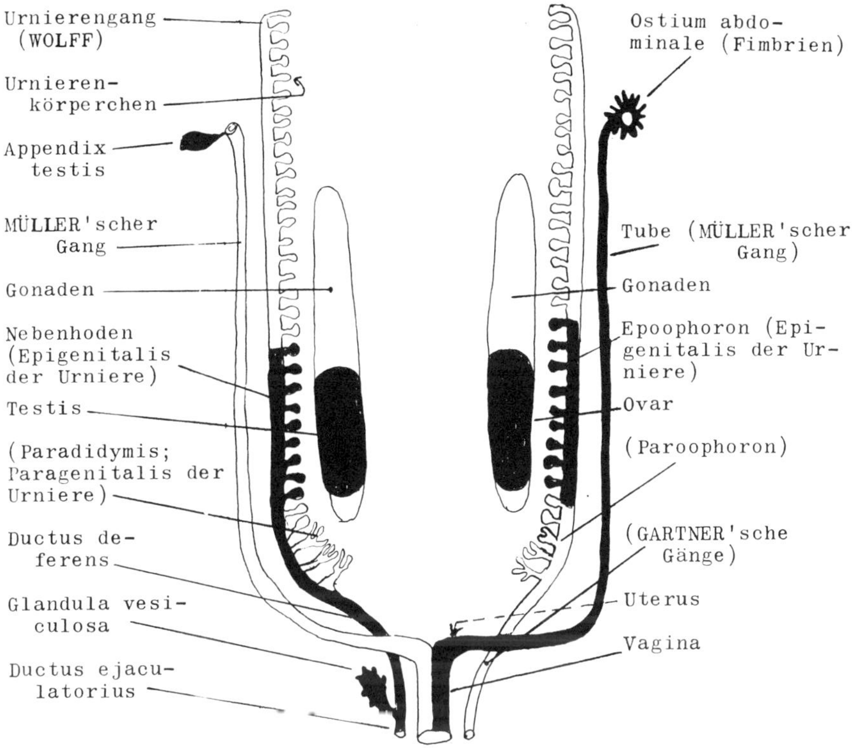

Abb. 106: Schema des Indifferenzstadiums der Geschlechtsorgane und ihre Umbildung. Links männliche, rechts weibliche Organe (unter Mitverwendung einer Abb. von FELIX aus BOENIG, umgezeichnet).

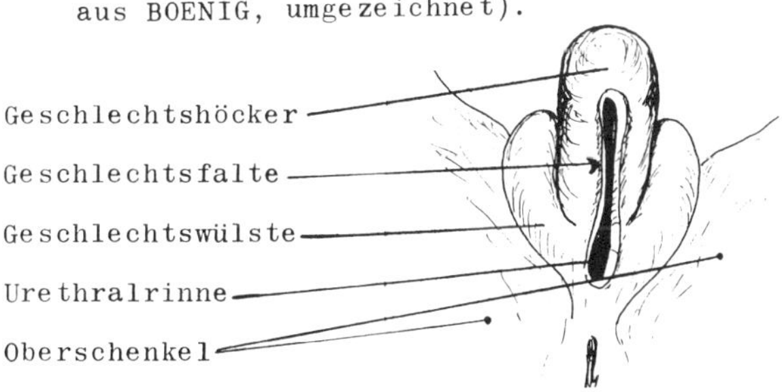

Abb. 108: Schema der indifferenten Anlage der äußeren Geschlechtsorgane (noch keine weibliche oder männliche Differenzierung).

Der Bewegungsapparat

Das Skelett

Alle Stützgewebe - Knorpel- und Knochengewebe - sind Abkömmlinge des Mesoderms.

Die KNOCHENBILDUNG (Ossifikation)
nimmt ihren Ausgang von besonderen Zellen, den

OSTEOBLASTEN,
die sich entweder vom Mesenchym oder beim älteren Kind und Erwachsenen vom Bindegewebe ableiten. Jeder Osteoblast lagert um sich herum eine GRUNDSUBSTANZ = OSTEOID ab. Dabei mauern sich die Osteoblasten selbst ein und werden zu

OSTEOCYTEN (Knochenzellen)
Der eigentliche Knochen entsteht durch Einlagerung von Calciumsalzen in das Osteoid.

Über die Histologie des Knochens und der Knochenbildung wird im AUXILIUM-Repetitorium der Histologie, 1. Teil, berichtet.

Jeder Knochen hat eine Art Gußform als Vorläufer, durch deren Umbau der eigentliche Knochen entsteht. Wir trennen je nach der geweblichen Vorform 2 Typen der Knochenbildung:

1. Desmale Ossifikation
   Vorstufe ist eine BINDEGEWEBSANLAGE.

2. Chondrale Ossifikation
   Vorstufe ist ein KNORPELSKELETT. Dieser Knorpel wird allerdings auch erst aus Mesenchymzellen angelegt.

1. Die desmale Ossifikation

Vorgang:

1. Anlage der späteren Knochenform zunächst als faserreiches Bindegewebe oder aus Mesenchymzellagern
2. Einzelne Mesenchymzellen bilden sich zu Osteoblasten um und scheiden Osteoid ab. Nach Einlagerung von Calciumsalzen werden die Osteoidstellen zu sog. VERKNÖCHERUNGSKERNEN (Ossifikationspunkte).
3. Die Verknöcherungskerne werden allmählich durch Knochenbrücken verbunden.
4. Die desmale Ossifikation führt überwiegend zur Bildung flacher Knochenplatten, die z.B. den Schädel bedecken. Man spricht von DECK- oder BELEGKNOCHEN.

Durch diese desmale Ossifikation entstehen beim Menschen

das Schädeldach
die meisten Gesichtsknochen
ein Teil der Clavicula

2. Die chondrale Ossifikation

Vorgang:

1. Aus Mesenchymzellen wird eine Knorpelvorform des späteren Knochens aufgebaut. Die Mesenchymzellen wandeln sich zu KNORPELBILDNERN (Chondroblasten) um, indem sie um sich herum eine strukturlose Grundsubstanz, das CHONDROID ausscheiden. Die in Knorpelgrundsubstanz eingebetteten Zellen heißen dann KNORPELZELLEN (Chondrocyten).

2. Der Knorpel wird <u>ersetzt</u> (nicht umgebaut !), wobei CHONDROKLASTEN ("<u>Knorpelfresser</u>") den Knorpel zerstören. An Stelle des Knorpels treten Osteoblasten.

   Der Knochenaufbau kann jetzt nach 2 Prinzipien erfolgen:

a) perichondrale Ossifikation

Von der Außenhülle des Knorpels (= Perichondrium) spalten sich Osteoblasten ab. Sie bilden von außen um die knorplige Vorform eine <u>KNOCHENMANSCHETTE</u>.

Beachte: Knochenaufbau von außen!

b) enchondrale Ossifikation

Zwischen den Knorpelzellen werden diffus Calciumsalze abgelagert = VERKALKUNGSPUNKTE. Der Knorpel wird durch Chondroklasten aufgelöst, die Verkalkungspunkte bleiben zurück und heißen jetzt OSSIFIKATIONSPUNKTE. In die Lücken im Knorpel wachsen von außen Blutgefäße ein. In ihrer Begleitung kommen neue Mesenchymzellen mit, die sich zu

Osteoblasten und
Knochenmarksretikulumzellen
(Blutbildung !)

umwandeln. Die Verknöcherung wird von den Osteoblasten somit aus dem Inneren des Knorpels (= enchondral) vorangetrieben.

Die peri- und enchondrale Ossifikation führt zu einem ERSATZKNOCHEN, d.h. Knorpel wurde durch Knochen ersetzt. Nach dem Prinzip der chondralen Ossifikation entstehen:

sämtliche Extremitätenknochen,
Wirbelsäule und Becken,
Rippen und Brustbein,
Gehörknöchelchen,
Primordialkranium.

DIE WIRBELSÄULE

Die erste Anlage eines Körpergerüstes (Achsenskelett) ist die CHORDA DORSALIS. Ihre Bildung wurde Seite 37 beschrieben, ihre Lage ventral vom Neuralrohr und dorsal vom Entoderm, sowie medial der Ursegmente ergibt sich aus Abb. 41. Alle Chordatiere verfügen über diese RÜCKENSAITE; als Stützskelett erhalten bleibt sie aber nur bei den Acraniern (z.B. Amphioxus, vergl. AUXILIUM-Repetitorium der Zoologie). Bei den Wirbeltieren wird sie umgebaut und durch die Wirbelsäule ersetzt. Das Stammaterial der Wirbelsäule sind die

SKLEROTOME.

es handelt sich um eine Ansammlung von Mesenchymzellen um die Chorda dorsalis und das Neuralrohr herum (Abb. 66, Seite 70). Diese Mesenchymzellen sind aus dem Ursegment vorher ausgewandert.

Wenn man einen Embryo vom Rücken betrachtet und die Sklerotome mit der Chorda dorsalis herauspräpariert, dann ergibt sich grobschematisch der Zustand wie auf Abb. 109. Nun erfolgt eine Neugliederung:

Jedes SKLEROTOM

wird quer durchteilt in je eine craniale und caudale Hälfte. Die Trennlinie heißt

INTERVERTEBRALSPALT

oder Intrasegmentalspalt. Er ist die Anlage des späteren bleibenden Zwischenwirbelkörpers.

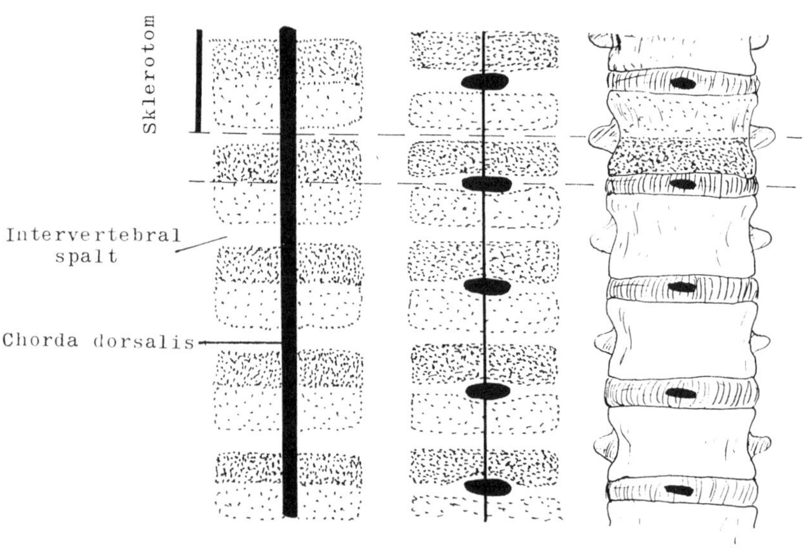

Abb. 109: Schema der Wirbelanlagen aus den Sklerotomen

Die neu entstandenen Hälften verbinden sich anders, wobei die craniale Hälfte des unteren Segmentes mit der caudalen Hälfte des oberen Segmentes verschmilzt. Erst dann sind die

WIRBELANLAGEN

ausgebildet. Das Mesenchym der Sklerotome wird nun zuerst in Knorpel umgebaut. Am Anfang des 3. Embryonalmonats erfolgt Ersatz durch Knochen (Wirbel sind Ersatzknochen ! Chondrale Ossifikation !).

Die Chorda dorsalis durchzieht anfangs die gesamte Wirbelanlage in Längsrichtung. Durch die knorpligen Wirbelanlagen wird die Chorda zerlegt. In jedem Intervertebralspalt bleibt ein Rest, der später noch als Nucleus pulposus im Faserknorpel der Zwischenwirbelscheibe erhalten bleibt. Ein weiterer Rest ist das Lig. apicis dentis epistrophei.

DIE SCHÄDELKNOCHEN

Das Schädelskelett besteht aus zwei Hauptteilen:

I. Neurocranium (Hirnschädel),
alle Knochen, die das Gehirn umhüllen

II. Splanchnocranium (Eingeweideschädel)
Knochen, die aus dem 1. und 2. Schlundbogen stammen.

I. Das Neurocranium

Das Mesoderm ist im Bereich des späteren Kopfes unsegmentiert im Gegensatz zu den übrigen Körperregionen, wo wir die Ursegmentgliederung finden. Aus dem ungegliederten Kopfmesoderm schwärmen Mesenchymzellen aus, die die Hirnanlage umhüllen. Dabei ergibt sich eine Sonderung in:

a) Desmocranium
Als dünne Mesenchymschicht vorgebildete Schädelknochenanlage über der Hirnanlage. Hieraus werden Os frontale, nasale, lacrimale, parietale und Vomer.

b) Chondrocranium oder
Primordialcranium aus dem Mesenchym unter der Hirnanlage. Hieraus werden die Schädelbasis und die Nase.

II. Das Splanchnocranium

Das Anlagegebiet sind der 1. und 2. Schlundbogen. In allen 6 Schlundbögen wird je ein Knorpel (SCHLUNDBOGENKNORPEL) angelegt. Streng gehören aber nur der 1. und 2. Bogen zum Splanchnocranium, die übrigen zu den Halseingeweiden. Die Umformungen ergeben sich aus der Tabelle Abb. 110.

Anhang: Nur für Fleißige:

Für die Altersbestimmung eines Foeten kann man neben anderen Kennzeichen auch das Auftreten von KNOCHENKERNEN in den einzelnen

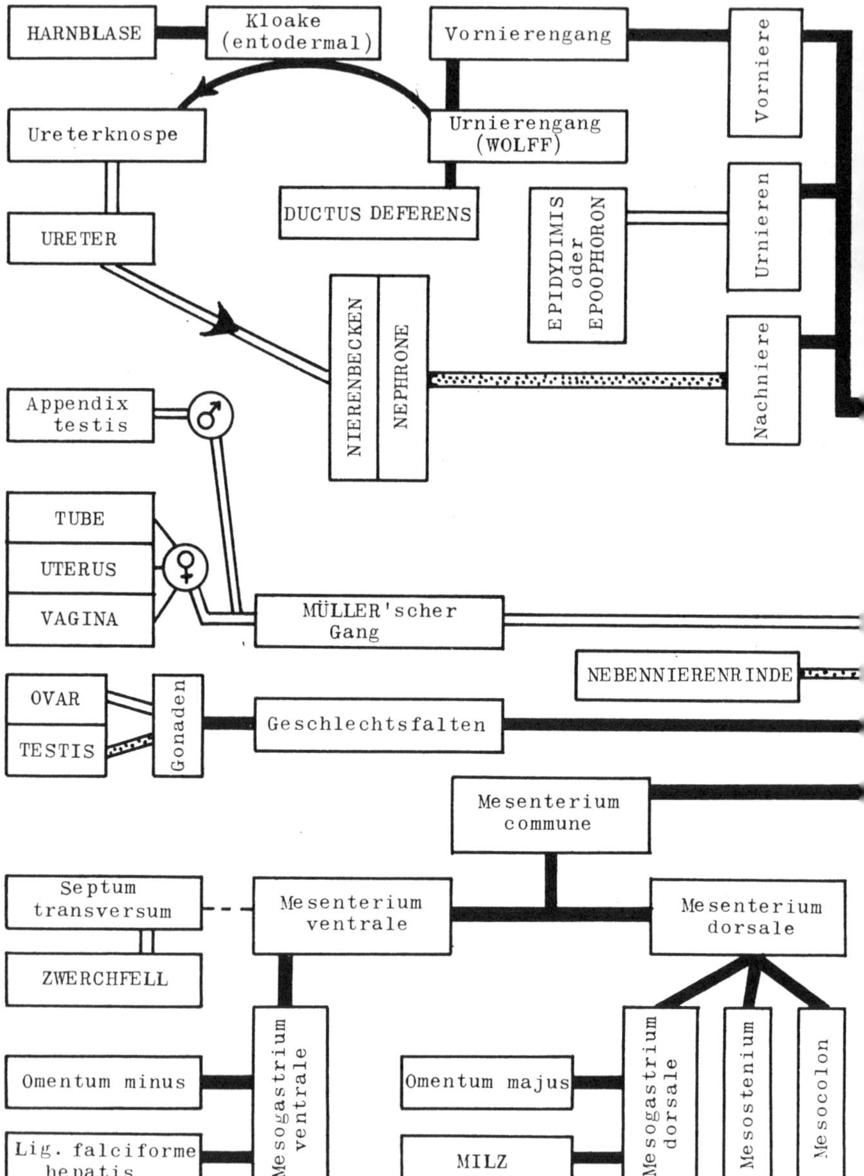

HARNBLASE
Kloake (entodermal)
Vornierengang
Vorniere
Ureterknospe
Urnierengang (WOLFF)
DUCTUS DEFERENS
URETER
EPIDYDIMIS oder EPOOPHORON
Urnieren
NIERENBECKEN
NEPHRONE
Nachniere
Appendix testis
♂
TUBE
UTERUS
VAGINA
♀
MÜLLER'scher Gang
NEBENNIERENRINDE
OVAR
TESTIS
Gonaden
Geschlechtsfalten
Mesenterium commune
Septum transversum
Mesenterium ventrale
Mesenterium dorsale
ZWERCHFELL
Omentum minus
Mesogastrium ventrale
Omentum majus
Mesogastrium dorsale
Mesostenium
Mesocolon
Lig. falciforme hepatis
MILZ

E

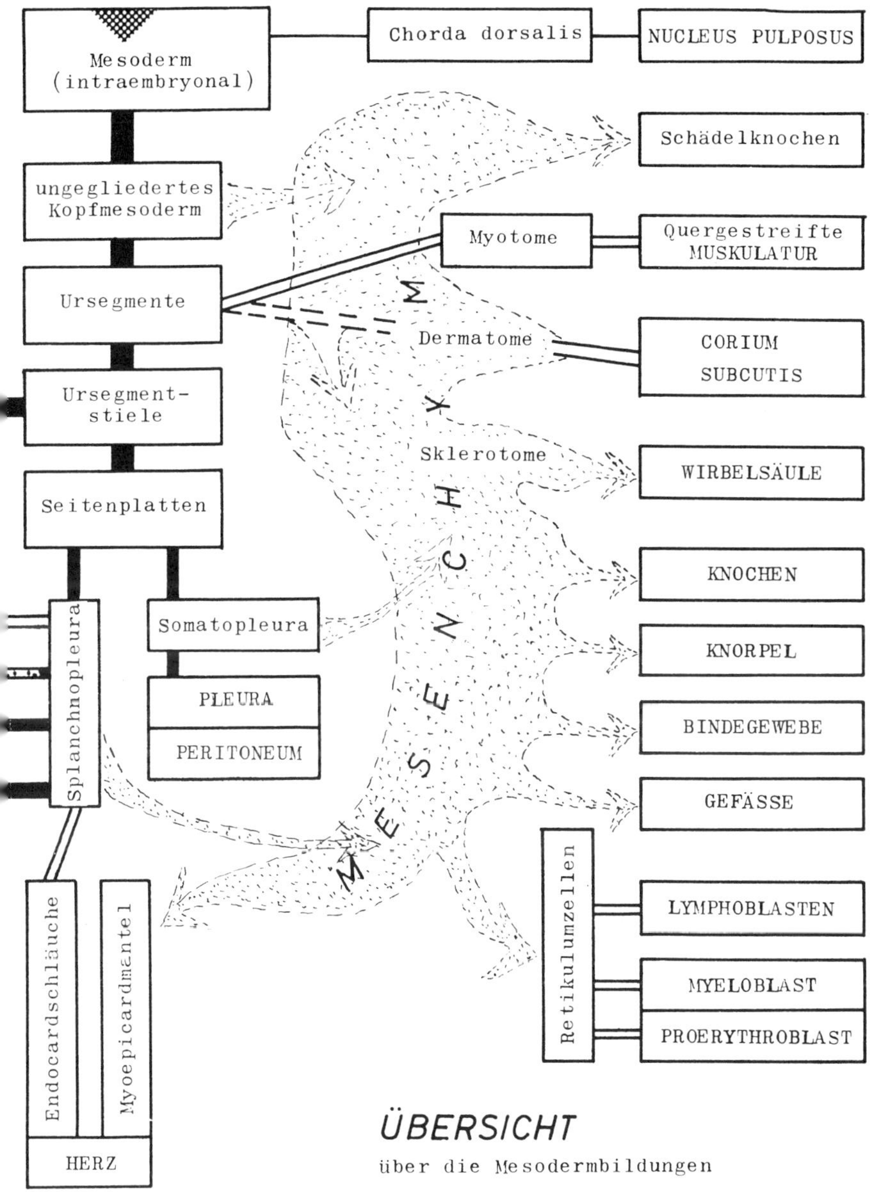

ÜBERSICHT

über die Mesodermbildungen

Skeletteilen heranziehen. Hierfür empfiehlt sich die Kenntnis der wichtigsten Kerne:

6. Embryonalwoche	Clavicula (erster Knochen!)
8. Embryonalwoche	Scapula (Collum), Corpus des Femur, Tibia, Fibula, Humerus, Radius, Ulna.
5. Embryonalmonat	Calcaneus
9. Embryonalmonat	Distale Femurepiphyse (BECLARD'scher Knochenkern)
10. Embryonalmonat	Caput humeri

Abb. 110: Tabelle der Schlundbogenknorpel

1. Schlundbogen (Mandibularbogen)	a) dorsaler Teil.........	Hammer, Amboß
	b) ventraler Teil........ MECKEL'scher Knorpel	Unterkiefer
2. Schlundbogen (Hyoidbogen)	a) dorsaler Anteil.......	Steigbügel; Proc. styloides
	b) ventraler Anteil...... REICHERT'scher Knorpel	Lig. stylohyoid Kleines Zungenbeinhorn
3. Schlundbogen		Zungenbeinkörper
4. Schlundbogen		
5. Schlundbogen		Schildknorpel
6. Schlundbogen (fraglich)		Ringknorpel (?)

Die Muskulatur

Der überwiegende Teil der Muskelzellen stammt aus dem Mesoderm = quergestreifte, glatte und Herzmuskelzellen. Ausnahmen: aus dem Ektoderm (!):

Irismuskeln (Sphincter et Dilatator pupillae)
Myoepithelzellen (Korbzellen in manchen Schweiß- und Duftdrüsen).

Muskelzelldifferenzierungen:

1. Glatte Muskulatur

Mesenchymzellen wandeln sich zu langen spindelförmigen Zellen um, in deren Cytoplasma vereinzelt kontraktile Fasern in der Längsrichtung auftreten (Eingeweide- und Gefäßmuskulatur)

2. Quergestreifte Muskulatur

Sie leitet sich ausschließlich von einer besonderen Stammzelle = MYOBLAST ab, die je nach Körperregion in den Myotomen oder aus dem Mesenchym entsteht. Die Myoblasten vergrößern sich durch ENDOMITOSE, wobei die Kernzahl durch mehrfache

Teilungen auf über 100 ansteigen kann, während die Teilung der Zelle unterbleibt (Beachte: Die quergestreiften Muskelzellen sind PLASMODIEN!)

Aufpassen: Anfänger verwechseln in der Aufregung einer Prüfung die ähnlich klingenden Worte Myoblast-Myeloblast. Merke deshalb:
Myoblast = Muskelstammzelle
Myeloblast = Granulocytenstammzelle.

3. Herzmuskulatur

Aus dem Mesenchym der HERZPLATTE gebildet.

Nur für Fleißige:

Einige wichtige Muskeln

Erector spinae: direkt aus Myotomen der Ursegmente. Die langen Rückenmuskeln durch Verschmelzung entstanden.

Intercostal- und Bauchmuskeln: von der unteren (ventralen Kante der Myotome

Zwerchfellmuskulatur: Myoblasten aus den Halsmyotomen

obere Extremität: Ventrale (untere) Kanten der Myotome 5.-9.

untere Extremität: Ventrale (untere) Kanten der Myotome 21.-28.

Eingeweidemuskulatur (glatte): Mesenchymzellen der Splanchnopleura

Gesichts- und Kaumuskulatur: Mesenchym der Schlundbögen

Beckenbodenmuskeln: Ursprünglich ein Hautmuskel = M. sphincter cloacae, der umgebildet wird.

M. levator ani: Aus Sacralmyotomen verlagert. Bei Tieren "Schwanzmuskeln" (M. depressor caudae).

Eigene Notizen:

C. Ektodermale Organe

Das Nervensystem

Die Grundlage des Zentralnervensystems ist das NEURALROHR (Medullarrohr). Seine Bildung wurde schon einmal auf S. 37 erwähnt. Hier kurz zur Erinnerung: Das

EKTODERM
ist das Ausgangsmaterial. Nach Einstülpung des Mesoderms im Primitivstreifen entsteht im Ektoderm eine Epithelverdickung, die

NEURALPLATTE (Medullarplatte)
Diese Bildung und die weiteren Verformungen erfolgen durch die Anwesenheit (!) des Mesoderms. Solcher formgebender Einfluß wird INDUKTION genannt! Die Neuralplatte bekommt zwei

NEURALWÜLSTE,
aus denen sich eine

NEURALRINNE (Medullarrinne)
einsenkt. Am oberen Rand der Rinne wandern einige Zellen seitlich aus, die insgesamt als

GANGLIENLEISTE (Crista neuralis)
bezeichnet werden. Anschließend wird die Rinne zu dem

NEURALROHR (Medullarrohr)
geschlossen. Am Querschnitt dieses Rohres erkennt man folgende Bezirke (Abb. 111):

Deckplatte
2 Flügelplatten (pars alaris)
2 Grundplatten (pars basalis)
Bodenplatte

Aus den Flügelplatten stammen sämtliche <u>rezeptorischen</u> Neurone, die <u>effektorischen</u> dagegen aus den Grundplatten.

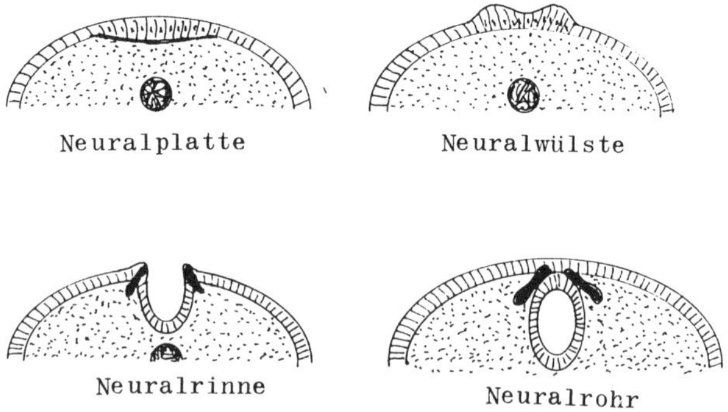

Abb. 111 a: Bildung des Neuralrohres.

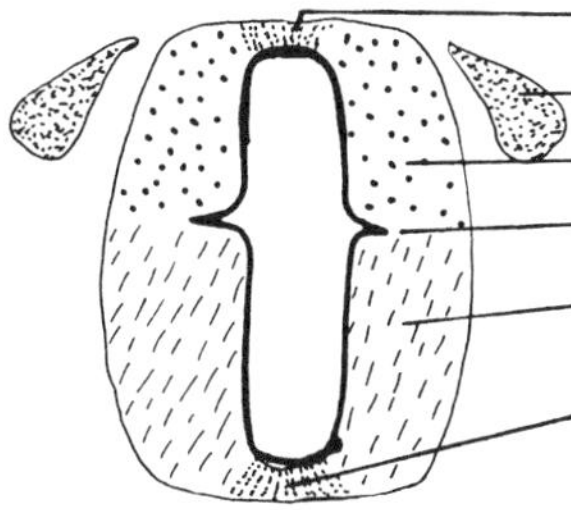

Abb. 111 b: Schnitt durch das Neuralrohr

Histologie:

Die Neuralplatte besteht anfänglich aus hochprismatischen pluripotenten Zellen. Nach Anlage des Neuralrohres erfolgt Sonderung in 2 Zelltypen:

1. NEUROBLASTEN
   Sie bilden die Neurone aus.

2. GLIOBLASTEN
   Stammzellen des Nervenhüllgewebes, 2 Untergruppen sind wichtig:

   a) EPENDYMZELLEN
      Sie kleiden den inneren Hohlraum des Neuralrohres (späterer Zentralkanal des Rückenmarkes und Hirnventrikel) aus. Feine Fortsätze gehen von ihnen aus und bilden ein anfängliches feines Stützwerk.

   b) SPONGIOBLASTEN
      Stammzellen der Makro- und Mikroglia. Wichtigstes Hüllgewebe des Zentralnervensystems.

Das Gehirn

Der vordere Anteil der Neuralplatte ist das Gehirnanlagegebiet. Das hier entstehende NEURALROHR läßt eine Dreiteilung erkennen:

1. Prosencephalon
   vorderster Abschnitt
2. Mesencephalon
3. Rhombencephalon
   geht in das obige Neuralrohr über.

Die ursprünglich gerade Rohranlage wird jetzt krückenförmig verformt (Abb. 112) und 2 Beugestellen werden erkennbar:

a) Scheitelbeuge
   zwischen Rhomb- und Mesencephalon
b) Nackenbeuge
   Gebiet der späteren Medulla oblongata

Später tritt eine dritte Beuge (Brückenbeuge = Ponsanlage) an der Ventralseite auf und teilt das Rhombencephalon in das vorn liegende Metencephalon und hintere Myelencephalon. Das Prosencephalon entwickelt nach rechts und links je eine große Seitenblase = Hemisphärenbläschen (Telencephalon), der mittlere Teil wird zur Anlage des Diencephalons (Zwischenhirn). Somit haben wir schließlich eine Fünfteilung:

1. 2 Hemisphärenbläschen = Telencephalon
2. Zwischenhirn = Diencephalon
3. Mittelhirn = Mesencephalon
4. Hinterhin = Metencephalon
5. Nachhirn = Myelencephalon

Das Kleinhirn geht aus einem Wulst des dorsalen Metencephalon hervor. Die Großhirnhemisphären sind ursprünglich große Blasen ohne Gyrusbildung. Erst ab 3. Embryonalmonat beginnt sich die Inselrinde grubenförmig einzudellen. Die übrigen Gyri und Sulci erscheinen nach dem 5. Monat.

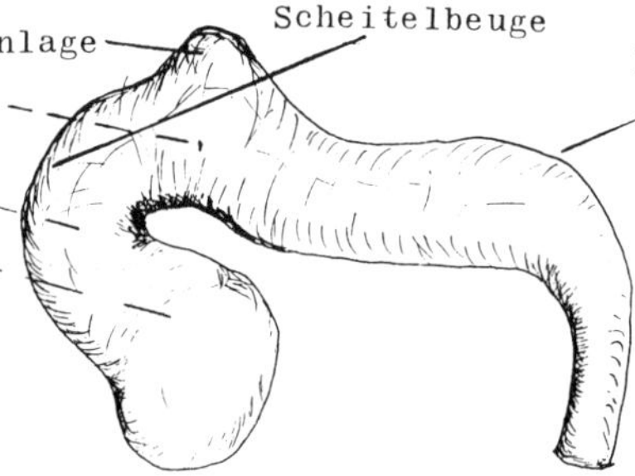

Abb. 112: Hirnanlage auf einer frühen Stufe

Die Nerven

Alle NERVEN sind durch Bindegewebe gebündelte Fortsätze von Nervenzellen. Zwei Gruppen von Nerven sind besonders wichtig:

1. Die Rückenmarksnerven
2. Die Hirnnerven

1. Die Rückenmarksnerven (Nn. spinales) zeigen:

a) ventrale oder motorische Wurzeln

Die Nervenzellen sitzen in den Vorderhörnern des Rückenmarkes. Von ihnen wachsen Fortsätze = NEURITEN (ZENTRIFUGALE Fasern) aus, die zu den Muskeln ziehen.

Ursprünglich ziehen diese Fasern jeweils an ein Myotom und werden mit dieser Muskelanlage verlagert.

b) dorsale oder sensible Wurzeln

Das Ausgangsmaterial ist die GANGLIENLEISTE, die sich vor Schluß des Neuralrohres von den Nervenwülsten abgegliedert hat. Diese Leiste zerfällt in eine Kette von Zellhaufen = SPINALGANGLIEN. In jedem Spinalganglion liegen neben den Glioblasten auch Neuroblasten. Diese Neuroblasten sondern sich in zwei sehr wichtige Nervenzelltypen:

I. Pseudounipolare Ganglienzellen

Sie sind die Hauptzellen für die sensiblen Bahnen. Sie erhalten einen DENDRITEN aus den peripheren sensiblen Rezeptoren und leiten einen NEURITEN über die dorsale Wurzel in das Hinterhorn.

II. Sympathicoblasten

Eine sehr wichtige Stammzellgruppe für die Neurone des Sympathicus.

2. Die Hirnnerven

Der motorischen Vorderhornsäule des Rückenmarks entsprechend findet man die motorischen Ursprungskerne für den

N. oculomotorius
N. trochlearis
N. abducens
N. hypoglossus

in den Grundplatten der Rautenhirnanlage. Eine weitere Gruppe der Hirnnerven wird ursprünglich als

KIEMENBOGENNERVEN

angelegt. Jeder dieser Nerven versorgt ursprünglich die Muskulatur und Haut eines Kiemenbogens (Schlundbogens). Der spätere Verlauf dieser Nerven erklärt sich aus dem Umbau der Kiemenbögen. Hierzu gehören:

1. Kiemenbogen = N. trigeminus		
2. Kiemenbogen = N. facialis		
3. Kiemenbogen = N. glossopharyngeus		
4. Kiemenbogen = N. laryngicus sup.	}	N. vagus
R. auricularis	}	N. vagus
5. Kiemenbogen = wird nicht angelegt	}	N. vagus
6. Kiemenbogen = N. recurrens	}	N. vagus

Der Tractus olfactorius und der Fasciculus opticus sind keine echten Hirnnerven, sondern nach außen führende HIRNBAHNEN.

Das vegetative Nervensystem

DER SYMPATHICUS

Stammzellen sind die SYMPATHICOBLASTEN. Sie wandern bereits frühzeitig aus der Ganglienleiste aus und bilden rechts und links der Wirbelsäulenanlage den TRUNCUS SYMPATHICUS. Ein Teil der Sympathicoblasten wächst noch weiter und bildet die PRÄVERTEBRALEN GANGLIEN (z.B. Ganglium coeliacum). Andere Sympathicoblasten erreichen die Eingeweide und bauen das System der INTRAMURALEN GANGLIEN auf, z.B. den Plexus submucosus MEISSNERI und Plexus myentericus AUERBACHI. Eine wichtige Sonderbildung der Sympathicoblasten sind die

Sympathischen Paraganglien

Ihr wichtigstes Kennzeichen ist die Anfärbbarkeit mit Chromsalzen. Sie heißen deshalb

CHROMAFFINE PARAGANGLIEN

und sind ADRENALIN-Produzenten. Anfänglich liegen solche Paraganglien zerstreut im Gebiet der prävertebralen Ganglien, werden aber nach der Geburt wieder zurückgebildet. Die wichtigsten sind:

Paraganglion aorticum abdominale
(ZUCKERKANDL'sches Organ) an der Abgangstelle der Art. mesenterica inf. aus der Bauchaorta. Völlige Rückbildung bis zum 2. Lebensjahr.

Paraganglion suprarenale
oder NEBENNIERENMARK; bleibt zeitlebens als einziges chromaffines Paragangliengewebe erhalten.

DER PARASYMPATHICUS

Aufbau aus besonderen Neuroblasten der Mittelhirnanlage und aus dem Neuralrohr. Keine besondere Benennung. Es gibt auch

parasympathische Paraganglien,

die nicht chromaffin sind und kein Adrenalin bilden. Sie bleiben zeitlebens erhalten. Die wichtigsten sind:

Paraganglion caroticum
oder Glomus caroticum. Rezeptororgan für Wanddehnungsreize (Pressorezeptoren)

Paraganglion supracardiale
an der Einmündung des Ductus BOTALLI in die Aorta.

Die Nebenniere

Die Nebenniere ist ein Mischorgan aus zwei völlig verschiedenen Organzelltypen:

1. Nebennierenrinde (NNR)
2. Nebennierenmark (NNM)

Die Nebenniere hat eine interessante Stammesentwicklung (Ontologie):
Bei den Fischen ist "Mark"- und "Rindensubstanz" völlig getrennt und beide Zellarten liegen nebeneinander als

a) Interrenalorgan ("Rinde")
b) Adrenalorgan ("Mark")

Bei den Amphibien und Reptilien werden beide Organsysteme zusammengelagert; sie verschmelzen aber nicht. Eine Durchwachsung beider Organteile finden wir bei den Vögeln. Bei Säugetieren und beim Menschen findet sich erst die typische Gliederung in das innenliegende Mark und die äußere Rinde.

1. Die Nebennierenrinde

Neben der Keimdrüsenfalte entsteht im dorsalen Coelomepithel eine kleine Nebennierenfalte. Deren Zellen wachsen in das Mesenchym ein und bilden eine wenig differenzierte zweischichtige Zellage.

Die weitere Gestaltung der Rindenanlage erfolgt unter Einfluß (Induktion) der Sympathicoblasten, die das Mark aufbauen.

2. Das Nebennierenmark

Sympathicoblasten aus dem Truncus sympathicus und den prävertebralen Ganglien sammeln sich zu einem Zellhaufen (Paraganglion suprarenale), wachsen gegen die Rindenanlage vor (2. Embryonalmonat) und in sie hinein.

Merke: Die NNR stammt vom MESODERM (Coelomepithel!), das Mark vom EKTODERM (Sympathicoblasten!).

Die Nebenniere des Foetus ist ein sehr großes Organ. Am auffälligsten erkennt man die relative Größe im Vergleich zum Nierengewicht

Nebenniere zu Niere	=	1:1	im 2. Embryonalmonat
		1:3	beim Neugeborenen
		1:30	beim Erwachsenen

Gleich nach der Geburt gehen große Teile der NNR zugrunde (sog. Geburtsinvolution) und werden erst allmählich aus der Zona glomerulosa im Laufe des 1. Lebensjahres regeneriert.

Das Auge

Das Auge ist ein vorgelagerter Hirnteil und damit im wesentlichen ektodermaler Herkunft. Nur Augenmuskeln und Bindegewebsteile entstammen dem Mesenchym. Die Augenbildung beginnt am MITTELHIRN mit der Anlage zweier lateraler

SEHPLATTEN (Laminae opticae).

Es sind anfänglich nur Wandverdickungen des Neuralrohres im Bereich des Mittelhirns. Die Platten wölben sich nach lateral aus und wachsen als

AUGENBLASEN (Vesiculae opticae)

vor (Abb. 113). Jede Blase steht über einem Stiel mit dem Mittelhirn in Verbindung. Der Stiel wird später zum Fasciculus opticus, die Augenblase zur Netzhaut.

Die äußerste Kante jeder Augenblase berührt das Ektoderm und induziert dort die

LINSENBILDUNG

Das anliegende Ektoderm wird zur LINSENPLATTE (LINSENPLAKODE) verdickt. Gleichzeitig beginnt sich die Augenblase zum

AUGENBECHER (Cupula optica)

einzustülpen (Abb. 114). Ursache des Einstülpvorganges ist eine sehr starke Zellvermehrung an der äußeren Kante der Augenblase. Die Linsenplatte des Ektoderms wölbt sich als

LINSENGRUBE

in den Augenbecher hinein (Abb. 114). Durch weitere Vertiefung der Grube und Verwachsen der Ektodermränder wird die Linsengrube als

LINSENBLASE

abgeschnürt. Sie wird anfänglich als eine Epithelkugel im Augenbecher gefunden (Abb. 115). Ihre Zellen scheiden eine homogene Außenschicht (Cuticula) als LINSENKAPSEL ab. Das nach außen liegende Epithel der Linsenblase bleibt kubisch und wird zum vorderen LINSENEPITHEL, die innenliegende Zellschicht wächst zu langen und dünnen Zellen, den LINSENFASERN, aus. Sie füllen das ehemalige Blasenlumen völlig aus. Der Augenbecher ist nicht gleichförmig gestaltet. An seinem unteren Pol ist der Rand schlitzförmig eingeschnitten: man nennt diese Stelle

AUGENBECHERSPALTE oder-kerbe (Coloboma retinae)

Sie setzt sich rinnenförmig auf den Augenbecherstiel als

STIELSPALTE

fort. Stiel- und Augenbecherspalte werden zusammen auch als

FETALE AUGENSPALTE

bezeichnet. Sie ist anfangs mit Mesenchym ausgefüllt und Leitbahn für die Blutgefäße des inneren Auges (Art. centralis retinae und Art. hyaloidea zur Ernährung der Linse und zur Glaskörperbildung).

Die wichtigsten Augenanlagen sind in Abb. 115 dargestellt. Hieraus entstehen die späteren Teile des fertigen Auges. Die Zusammenhänge bringt die Abb. 116 als Tabelle.

Die Netzhaut ist ab 8. Embryonalmonat lichtempfindlich (Hell-Dunkel-Unterscheidung). Das Bildersehen wird ab 3. Lebensmonat möglich (Ausreifung der Sehbahn). Farbensehen ist eine noch später erworbene Fähigkeit. - Der Glaskörper wird z.T. vom inneren Blatt z.T. von Mesenchymzellen aufgebaut. Die hindurchziehende Art. hyaloidea dient der Ernährung von Glaskörper und Linse. Nach der Geburt verödet sie.

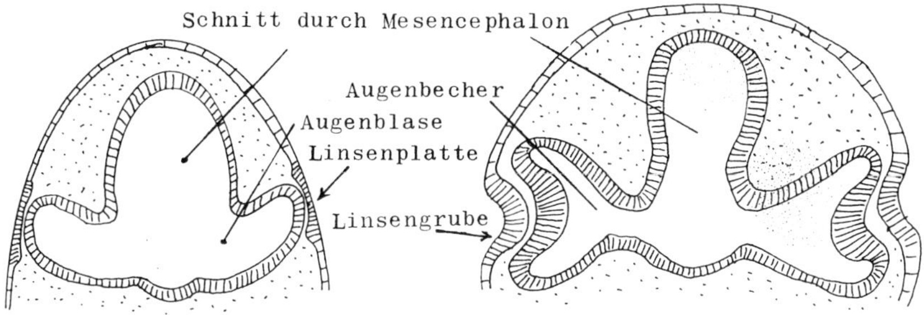

Abb. 113: Anlage der Augenblasen

Abb. 114: Bildung des Augenbechers und der Linsengrube.

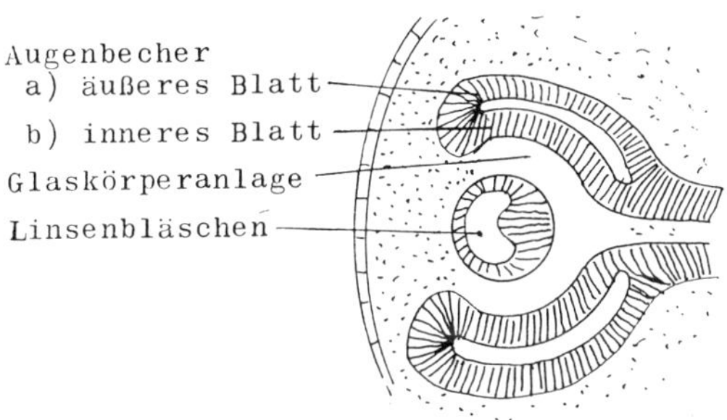

Abb. 115: Schema des primitiven Auges (etwa 5. Woche)

	Anlage	Ergebnis
AUGENBECHER	äußeres Blatt	1. Pigmentepithelschicht 2. Sphincter et dilatator pupillae
	inneres Blatt	1. Pars optica retinae 2. Pars caeca retinae
	Augenbecherhohlraum	Glaskörper (vom inneren Blatt abgeschieden
LINSENBLASE	äußere Epithelschicht	vorderes Linsenepithel
	innere Epithelschicht	Linsenfasern
	Mesenchymhülle	Sklera Cornea Chorioidea Corpus ciliare Iris

Abb. 116 Tabelle der Augenbildung

Das Ohr

Das Ohr und das Gleichgewichtsorgan sind Abkömmlinge einer gemeinsamen Anlage.

DAS INNENOHR

Über dem Rautenhirn entstehen rechts und links der Mittellinie Ektodermverdickungen, die

LABYRINTHPLATTEN.
Das Epithel senkt sich als

LABYRINTHGRUBE
in das darunterliegende Gewebe der Kopfanlage und wird schließlich als

LABYRINTHBLÄSCHEN (Vesicula otica)
in die Tiefe verlagert. Das Bläschen ist längsoval und mit Endolymphe gefüllt. Es werden aus

a) dem dorsalen Bläschenteil (Pars utriculo-vestibularis)
   der Utriculus,
   der Ductus endolymphaticus,
b) dem ventralen Bläschenteil (Pars sacculo-cochlearis)
   der Sacculus und
   der Ductus cochlearis.

DAS MITTELOHR

Hierzu gehören die Paukenhöhle (Cavum tympani) und die Ohrtrompete (Tuba pharyngo-tympanica EUSTACHII). Beide Hohlräume sind Reste der 1. Schlundtasche (Vergleiche S. 53). Die Gehörknöchelchen leiten sich von den Kiemenbögen ab:

1. Kiemenbogen = Hammer und Amboß
2. Kiemenbogen = Steigbügel

DAS ÄUSSERE OHR

Der äußere Gehörgang wird in 2 Stufen angelegt: Die 1. Kiemenfurche senkt sich in die Tiefe und bildet den knorpeligen Anteil des Gehörganges. Von dem inneren Ende des Ganges wächst ein Epithelstrang auf das Mittelohr zu. Durch Zellzerfall gibt der Epithelstrang ein Lumen frei, das dem späteren knöchernen Gehörgang entspricht.

Das Trommelfell
entsteht aus allen 3 Keimblättern:

1. äußeres Epithel
   als Rest des in die Tiefe gewachsenen Gehörgangsepithels. Ektodermal!
2. Bindegewebslamelle
   = membrana propria aus dem Kopfmesenchym. Mesodermal!
3. inneres Epithel
   aus dem Epithel der Paukenhöhle = 1. Schlundtasche. Entodermal!

Die Ohrmuschel wird aus je 3 Höckern (Colliculi auriculares) des äußeren 1. und 2. Schlundbogens gebildet. Auf einem frühen Stadium der Gesichtsbildung liegt das Ohr im Halsgebiet (1. Kiemenfurche!) und wandert allmählich durch Einbeziehung der ersten beiden Schlundbögen in den Kopf (als Splanchnokranium) an den späteren Sitz.

Die Haut mit Anhangsgebilden

Die Haut (Integument) ist ein zusammengesetztes Organ aus zwei Hauptschichten

1. CUTIS mit
   a) Epidermis (Epithelzellschicht)
   b) Corium (Lederhaut)

2. SUBCUTIS
   lockeres Bindegewebe, Fettgewebe.

DIE EPIDERMIS

Sie entsteht aus dem Ektoderm nach Abgliederung anderer Primitivorgane (z.B. Neuralrohr, Ohr usw.). Die Epidermisbildung durchläuft im Embryonalleben 3 Stufen der Zellanordnung:

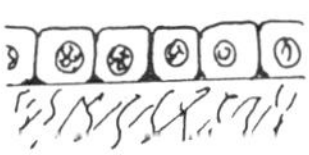

Abb. 117.

I. Stufe (im 1. Embryonalmonat)
Einschichtiges isoprismatisches (kubisches) Epithel

Abb. 118

II. Stufe (2. bis 3. Monat)
Zweischichtige Epithelzellage

a) Periderm
äußere Schicht aus flachen Epithelzellen. Vorläufer der Hornschicht.

b) Stratum germinativum
innere Schicht aus kubischen Zellen, sog. Keimschicht.

III. Stufe (nach 3. Monat)
Mehrschichtiges Epithel. Aus der Keimschicht gehen mehrere Zellagen hervor. Es finden sich:

a) Stratum corneum (Hornschicht)
Die Verhornung beginnt bereits im Periderm, so daß es als Vorläufer der Hornschicht angesprochen werden kann.

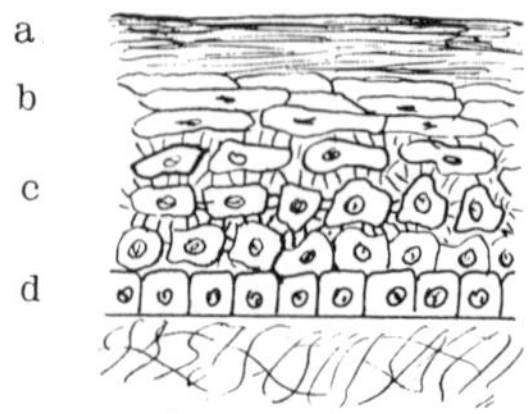

Abb. 119

b) Stratum granulosum
mit Keratohyalinkörnern für die Verhornung.

c) Stratum spinosum
Stachelzellschicht (noch vermehrungsfähig)

d) Stratum germinativum
oder Basalzellschicht. Regenerations- und Keimschicht der Epidermis.

Das Corium und die Subcutis entstehen aus Mesenchymzellen, die sich zum größten Teil von der Cutisplatte (Dermatom) der Ursegmente herleiten (Seite 70).

DIE HAUTANHANGSORGANE

Hierzu gehören:

Haare
Nägel
Talg-, Schweiß-, Duftdrüsen
Milchdrüsen

DIE HAARE

Die ersten Haare entstehen im 3. Monat. Im 7. Monat ist der ganze Foet mit einem feinen Haarpelz bedeckt, der bis zur Geburt wieder größtenteils abgestoßen wird. Die Haarentwicklung geht von einem Epithelzapfen des Stratum basale aus. Er senkt sich in das Mesenchym ein und treibt ein Hornröhrchen hervor. Die Talg- und Schweißdrüsen entwickeln sich aus dem gleichen Epithelzapfen und sind Haaranhangsorgane. Im Laufe des Lebens macht der Mensch mehrfach einen Haarwechsel durch:

1. Lanugo- oder Wollhaare
   Erste Haargeneration; vom 3. Embryonalmonat bis zur Geburt. Sie bedecken anfangs den ganzen Foeten und werden nach Abstoßung ersetzt durch die

2. Kinderhaare (Ersatzhaare)
   Kopfhaare, Wimpern und Augenbrauen des Kindes. Wesentlich dicker und länger als Lanugohaare.

   Am übrigen Körper finden sich weitere feine Härchen, die aber dicker als Lanugohaare sind und SEKUNDÄRHAARE heißen.

3. Zwischenhaare
   Hierzu gehören alle in der Pubertät neu auftretenden Haartypen: Achsel- und Schambehaarung, beim Mann auch Bart- und Brustbehaarung.

4. Terminalhaare
   Alle nach der Pubertät, aber meist erst nach dem 20. Lebens-

jahr erscheinenden stark pigmentierten Haare an Unterschenkeln, Armen usw. Diese Haargeneration wird in ihrem Wachstum von den androgenen Hormonen der Nebennierenrinde und der Keimdrüsen angeregt. Eine starke Entwicklung der Terminalhaare heißt HIRSUTISMUS (="zottig").

PIGMENTE treten anfangs nur in den Haaranlagen auf sowie in besonderen Bindegewebszellen des Coriums. Bei Geburt sind alle Kinder pigmentlos (auch Neger!), auch die Iris ist bei allen blau(!) = pigmentfrei. Die Pigmente zeigen sich erst in den ersten Lebenswochen.

Anmerkung: Nur für Fleißige:

Pigmentbildner beim Menschen sind die MELANOCYTEN. Es sind unmittelbare Abkömmlinge aus der Ganglienleiste (!), die mit den Gliazellen genetisch verwandt sind. Sie wandern aus dem Gebiet des Neuralrohres aus und breiten sich über den ganzen Körper aus. Besondere Häufung in der Basalschicht der Epidermis, im Auge und in der Leptomeninx. Das wichtigste normale Pigment der Haut ist das MELANIN. Es wird in den Melanocyten aus der Aminosäure TYROSIN nach Anregung durch MSH (Melanocyten stimulierendes Hormon) aus der Hypophyse synthetisiert und in Form eines Eiweißkomplexes (Melanoprotein) über Zellfortsätze (Pseudopodien) an die Epidermiszellen weitergereicht. Diese Übergabe von Zelle zu Zelle innerhalb eines Cytoplasmafortsatzes heißt "Zytokrinie". Der Mensch hat ca 2 Milliarden Melanocyten (!), also ein recht bedeutendes, aber verstreutes Organ. Melanin hat offenbar eine biologische Bedeutung und ist nicht wie andere Pigmente (z.B. Lipofuscin) ein Eiweißabbauprodukt.

Haare, Hornschüppchen und Talg aus den Talgdrüsen überziehen den Foetus als eine weißlich-gelbliche Masse = KÄSESCHMIERE (Vernix caseosa). Sie wird bis zur Geburt zunehmend abgestoßen und ist beim ausgetregenen Neugeborenen meist nur als Rest an einigen Körperstellen vorhanden.

DIE MILCHDRÜSE (MAMMA)

Die Milchdrüse ist ein besonderes Hautanhangsorgan für die Aufzucht der Nachkommenschaft und ein Kennzeichen der Säugetiere (Mammalia). Beim Menschen finden sich im 1. Embryonalmonat bereits als erste Anlage zwei

MILCHSTREIFEN;
Epithelverdickungen im Bereich der späteren Brust- und Bauchhaut. Im Verlauf dieses Streifens entstehen mehrere Drüsenschläuche, die in ihrer Gesamtheit als

MILCHLEISTEN
bezeichnet werden. Wenn man die rechte und linke Milchleiste auf einen ausgewachsenen Menschen bezieht, dann würde sie von der Achselhöhle über die Brustwarze, M. rectus abdominis, Leistenbeuge zur Oberschenkelinnen-

seite ziehen. In seltenen Fällen finden sich beim Erwachsenen Menschen in diesem Bereich überzählige "Brustwarzen" (=Hyperthelie) oder sogar Milchdrüsengewebe (Hypermastie).

Von der Milchleiste bleibt im allgemeinen nur der craniale Teil erhalten. Dort verdickt sich das Epithel und wölbt sich als

MILCHHÜGEL (Mammaplakode)

vor. Hiervon ausgehend sprossen Epithelzapfen in das Mesenchym ein und legen damit die Milchdrüsengänge an. Zur Zeit der Geburt finden sich ca 25 verzweigte Drüsenschläuche, die unter dem Reiz der mütterlichen und plazentaren Hormone sogar sezernieren können ("Hexenmilch").

Bis zur Pubertät wächst bei beiden Geschlechtern die Milchdrüse durch Verzweigung der Drüsenschläuche weiter. In der Pubertät kommt beim männlichen Geschlecht das Wachstum zum Stillstand. Die weibliche Brustdrüse dagegen beginnt oberhalb des 9. Lebensjahres sich durch Wachstum der Milchgänge und des Stromas erheblich zu vergrößern (Mamma virgo). Die Entfaltung der Milchgänge erfolgt unter Einfluß der Oestrogene, die der milchproduzierenden Endstücke unter dem Reiz der Gestagene (Progesteron).

DIE MILCHSEKRETION

erfolgt unter Einfluß des LTH (Luteotropes Hormon, früher Prolaktin) aus der Hypophyse nach Wegfall der Plazentahormone. 2-3 Tage nach Geburt beginnt "das Milcheinschießen", wobei die Brustdrüse infolge starker Durchblutung fest und heiß wird. Am nächsten Tag erfolgt dann Abgabe einer VORMILCH (Kolostrum), die besonders eiweiß- und fettreich ist. Kolostrum kann oft schon in der Schwangerschaft aus der Drüse ausgedrückt werden. Typische Frauenmilch wird erst nach der ersten Woche produziert.

Anmerkung:

Eine weitere Entfaltung der Brustdrüsen beim Mann nach der Pubertät heißt GYNÄKOMASTIE. Sie beruht oft auf einem zu hohen Oestrogenspiegel (kommt z.B. auch bei Leberparenchymschäden vor, wo die beim Manne in kleinen Mengen produzierten Oestrogene nicht schnell genug abgebaut werden und sich im Blut anreichern).

Das Gesicht

Das Gesicht ist eine aus verschiedenen ekto- und mesodermalen Anlagen zusammengesetzte Körperregion am cranialen Ende des Foeten. Wenn wir einen jungen Embryo am Ende des 1. Embryonalmonats von der Bauchseite her betrachten, dann zeigt sich die Situation der Abb. 120 mit folgenden wichtigen Teilen:

Stirnfortsatz;

umhüllt das Endhirn (Neurokranium)

2 Oberkieferfortsätze;

cranialer Anteil des 1. Schlundbogens. Anlage des

Oberkiefers und des Jochbeins.

2 Unterkieferfortsätze;

caudaler Anteil des 1. Schlundbogens. Anlage des Unterkiefers, sowie (dorsale Anteile) des Hammer und Amboß.

Diese 5 primären GESICHTSWÜLSTE gruppieren sich um die primäre Mundöffnung. Jeder Wulst erhält einen Ast aus dem N. trigeminus:

Stirnfortsatz: N. ophthalmicus
Oberkieferfortsatz: N. maxillaris
Unterkieferfortsatz: N. mandibularis

Auf dem Stirnfortsatz wird rechts und links von der Mittellinie das Epithel zum RIECHFELD verdickt und stülpt sich als RIECHSACK nach innen ein. Die äußere Öffnung bleibt als Anlage des späteren Nasenloches erhalten und ist für einige Wochen noch durch einen Epithelpfropf verschlossen. Im Inneren wächst der Riechsack an das Epithel der Mundbucht heran und verklebt mit ihm. Die anfängliche Trennwand heißt MEMBRANA BUCCONASALIS. Nach ihrem Einriß besteht eine Nasen-Mundverbindung (primitive Choanen). Durch die Nasenlöcher ist der Stirnfortsatz unterteilt worden in (Abb. 121):

Seitlicher Nasenwulst (Processus lat.)
mittlerer Nasenwulst (Proc. med.)
Processus globularis,
vorderstes Ende des mittleren Nasenwulstes
Area triangularis
Area infranasalis

Aus allen genannten Anlagen werden unter teilweiser Verschmelzung die Teile des späteren Gesichtes geformt. Die Ergebnisse sind in Abb. 122 als Tabelle erläutert!

Anhang: Nur für Fleißige !

GESICHTSMISSBILDUNGEN

Durch mangelhafte Verschmelzung der Gesichtswülste kommt es gelegentlich zu typischen Gesichtsmißbildungen (Abb 123):

1. Oberlippenspalte (Cheiloschisis)

Im Volksmund HASENSCHARTE genannt. Häufigste Gesichtsmißbildung. Entstehung: Mangelhafte Verschmelzung des Processus globularis mit dem Oberkieferfortsatz im Oberlippengebiet.

2. Kieferspalte (Gnathoschisis)

Wie Hasenscharte, wobei aber auch eine Lücke im Oberkiefer bleibt.

3. Lippen-Kiefer-Gaumenspalte (Cheilo-gnatho-palatoschisis)

oder WOLFSRACHEN. Neben Oberlippe und Kiefer ist auch der Gaumen betroffen. Bedeutungsvoll, da diese Kinder nicht normal saugen können (Nebenschluß beim Saugen über die Gaumen-

Abb. 120: 4 Wochen alter Embryo
Entwicklung der Gesichtsfortsätze.

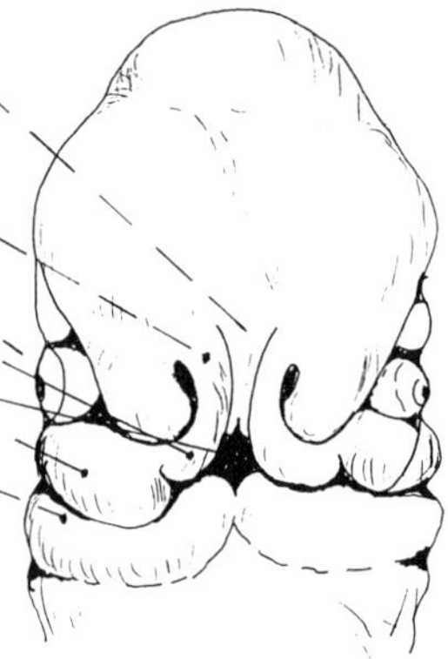

Abb. 121: Gesichtsbildung
(Nach Keibel aus Boenig umgezeichnet). Ca. 5. Woche

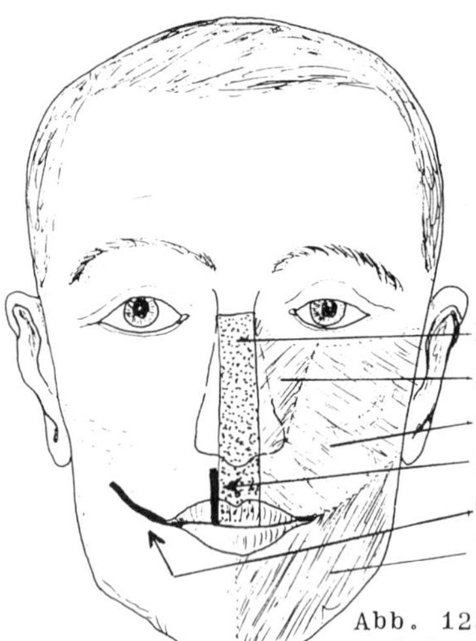

Abb. 123: Projektion der Gesichtsfortsätze auf das fertige Gesicht (Unter Benutzung einer Abb. aus Boenig verändert).

spalte zur Nase).

4. Quere Gesichtsspalte (Makrostomie)

Die seitliche Verwachsung zwischen Ober- und Unterkieferfortsatz im Bereich der Wange bleibt aus oder ist unvollständig. Die Mundöffnung kann hier fast bis in die Ohrgegend reichen.

5. Schräge Gesichtsspalte

Sehr selten. Reicht vom Mund neben der Nase bis zur Augenhöhle.

Tabelle der Gesichtsbildung

Anlage	Gesichtsteil
Mediale Nasenwülste	Nasenseptum Vomer
Area triangularis	Näsenrücken
Area infranasalis	Philtrum Nasenspitze
Seitliche Nasenwülste	Seitenwände, Nasenwände Nasenbein (os nasale) Tränenbein (os lacrimale)
Proc. globularis	Nasenflügel
Oberkieferwülste	Seitliche Oberlippenanteile Wangenhaut Oberkiefer Jochbein
Unterkieferwülste	Unterkiefer

Nur für Fleißige:

Die Kopfeingeweide

Die Gesichtswülste umrahmen die primäre Mundöffnung des Embryos, die als EKTODERMALE MUNDBUCHT bis zum Kiemendarm reicht. Anfangs besteht eine Trennung zwischen Mundbucht und Kiemendarm durch die "primäre Rachenhaut" (Membrana buccopharyngica). Nach Einriß der Membran heißt die Bucht "primäre Mundhöhle". Am Dach der primären Mundhöhle liegt der "primäre Gaumen" als Zwischengewebe zwischen dem Riechsäckchen und der Mundhöhle.

Durch eine horizontale Scheidewand wird die primäre Mundhöhle in die

sekundäre Mundhöhle und
sekundäre Nasenhöhle

geteilt. Es sind die bleibenden Höhlen. Die Scheidewand ist der sekundäre oder bleibende Gaumen.

Abb. 124: Längsschnitt durch die Kopfanlage

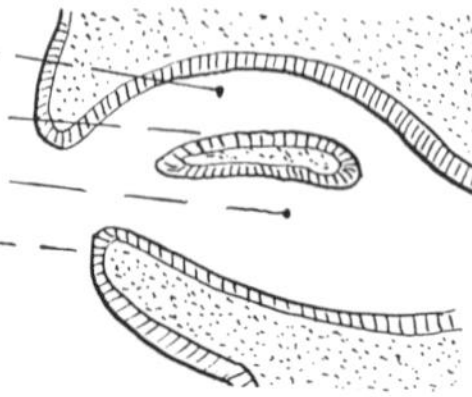

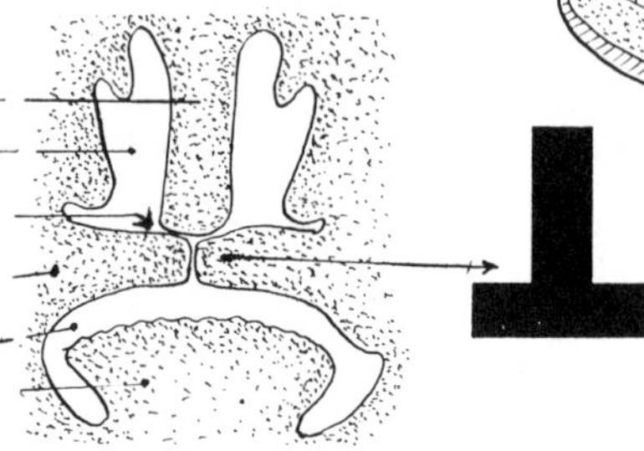

Abb. 125: Querschnitt durch die Kopfanlage zur Demonstration der T-förmigen Gaumenbildung.

DIE NASENHÖHLE

Der sekundäre Gaumen entspringt aus den inneren seitlichen Kanten der Oberkieferwülste als Vorwölbung. Beide Fortsätze (Processus palatini) vereinigen sich in der Mitte. Gleichzeitig wächst vom Dach der Nasenhöhle die Nasenscheidewand (Septum nasi) herab. In der Mitte treffen sich die beiden Gaumenfortsätze und das Septum. Man spricht von der "T-förmigen Gaumennaht". (Das T steht kopf, wenn man einen Schädelschnitt betrachtet; Abb. 125). Bleibt die Verschmelzung aus, entsteht die mediane Gaumenspalte.

Das JAKOBSON'sche Organ (Organon vomeronasale) ist ein schlauchförmiges Gebilde auf der rechten und linken Seite des Septum nasi. Es wird beim menschlichen Foetus nur vorübergehend angelegt und bleibt nur bei besonders geruchsempfänglichen (makrosmatischen) Tieren erhalten. Das Epithel der Nasenhöhle differenziert sich in

a) Regio olfactoria
   Riechepithel; stammt aus den Zellen des Riechsackes

b) Regio respiratoria
   Flimmerepithelzellen; stammen vom ursprünglichen ektodermalen Mundbuchtepithel.

Die Zunge

Die Zunge wird aus verschiedenen Anlagebezirken zusammengesetzt. Eine Übersicht vermittelt Abb. 126

Zungenkörper (Corpus linguae)

In der Mitte des Mundbodens wölbt sich eine Erhebung vor (Tuberculum impar), der zwei seitliche Erhebungen von den Innenseiten der Unterkieferfortsätze folgen. Alle 3 Anlagen verschmelzen zum Zungenkörper. Die Verschmelzungslinie der beiden seitlichen Wülste ist auch beim Erwachsenen noch als Sulcus medianus feststellbar.

Zungenwurzel (Radix linguae)

Schon im Bereich des entodermalen Kiemendarmes. An dieser Stelle sproßt bekanntlich das Schilddrüsenepithel als Ductus thyreoglossus in das Mesenchym hinein (Seite 54). Die Stelle bleibt als Foramen caecum noch beim Erwachsenen erkenntlich. Der Kiemendarmboden hinter dem Foramen heißt COPULA. Das Copulagebiet wird durch Mesenchym aus dem 2.,3. und 4. Schlundbogen vorgewölbt und verschmilzt als Zungenwurzel mit dem Zungenkörper.

Merke: Die Schleimhaut des ZUNGENKÖRPERS ist überwiegend ektodermaler, die der ZUNGENWURZEL entodermaler Herkunft. Die Grenzlinie liegt etwas vor dem sog. Sulcus terminalis (erkenntlich an der Reihe mit den Papillae circumvallatae).

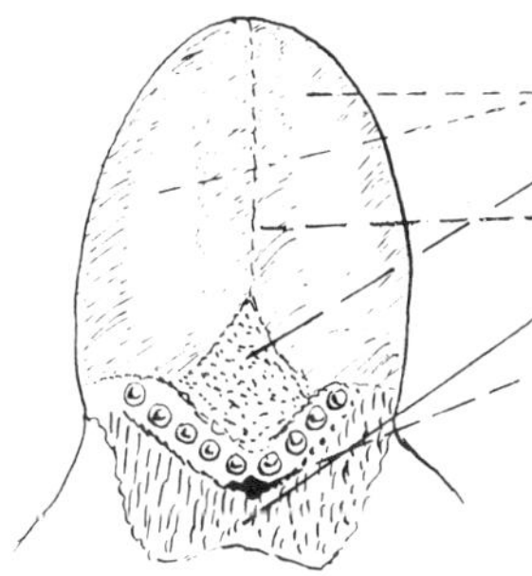

Abb. 126: Herkunft der Zungenteile

Die Zähne

Am inneren Rande des Ober- und Unterkieferfortsatzes senkt sich das ektodermale Epithel im 2. Embryonalmonat in das darunterliegende Mesenchym. Man sieht diese Einsenkung von außen als

ZAHNFURCHE.

Das eingewachsene Zellmaterial wird

ZAHNLEISTE

genannt (Abb. 127). An beiden

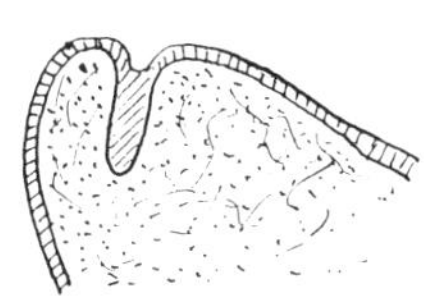

Abb. 127: Zahnleiste

Zahnleisten entstehen jeweils 10 kolbenartige Endknospen, die

ZAHNKNOSPEN ODER SCHMELZKNOSPEN

heißen. Jede Zahnknospe umwächst glockenförmig das darunterliegende Mesenchym und wird damit zum

SCHMELZORGAN oder ZAHNGLOCKE.

Das innerhalb der Glockenöffnung liegende Mesenchym wird

ZAHNPAPILLE

genannt. Das Schmelzorgan nimmt nun die Form an, die dem Aussehen der späteren Zahnkrone entspricht. Sie verhält sich somit wie eine Gußform. Mit der Zahnleiste besteht nur noch ein geringer Zusammenhang über den KOLBENHALS. Nach Anlage einer zweiten Zahnknospe (für die bleibenden Zähne) wird der Kolbenhals aufgelöst. Das Schmelzorgan liegt dann frei im Gewebe. Es folgt die Bildung des

ZAHNSÄCKCHENS

als mesenchymale Hülle um das Schmelzorgan herum. Am Schmelzorgan erfolgen sehr wichtige Differenzierungen, die an Hand der Abb. 130 verfolgt werden können:

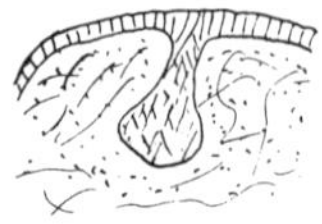

Abb. 128 Zahnknospe

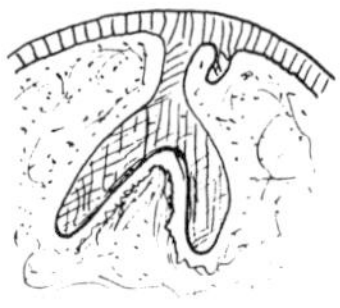

Abb. 129: Zahnglocke

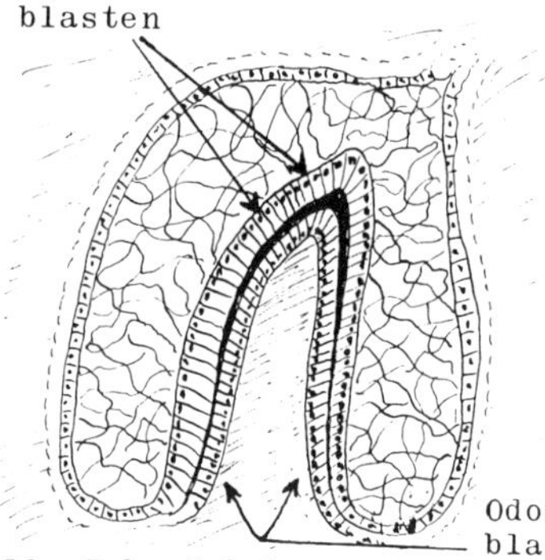

Abb. 130: Zahnsäckchen

ADAMANTOBLASTEN
(auch AMELOBLASTEN genannt). Sie sind das innere Schmelzepithel, das an die Zahnpapille grenzt. Diese hochzylindrischen Zellen scheiden als CUTICULA (= Oberflächenabscheidung) die SCHMELZPRISMEN aus Calciumphosphat (Apatit) aus.

ODONTOBLASTEN
sind mesodermaler Herkunft und den Adamantoblasten gegenüberliegende zylindrische Zellen der Zahnpapille. Sie sondern zunächst das unverkalkte PRÄDENTIN ab, aus dem das DENTIN (Zahnbein) wird.

ÄUSSERES SCHMELZEPITHEL
liegt an der Berührungsfläche Mesenchym - Schmelzorgan.

SCHMELZPULPA
zwischen äußerem Schmelzepithel und Adamantoblasten (Sog.

epitheliales Retikulum) aus einem Zellnetz. Über den Feinbau der Zähne siehe AUXILIUM-Repetitorium der HISTOLOGIE, 2. Teil

Der sog. Durchbruch der Zähne erfolgt erst nach der Geburt, wobei bis zum 2. Lebensjahr das Milchgebiß mit 2 x 10 Zähnen angelegt wird. Als erste Zähne erscheinen die mittleren Schneidezähne im Laufe des 3. Vierteljahres.

Der Zahnwechsel wird von den nachdrängenden bleibenden Zähnen eingeleitet. Sie stammen aus der Ersatzzahnleiste. Die ersten Ersatzzähne sind die 1. Molaren (brechen im 6. Lebensjahr durch).

Die Hypophyse

Der Hypophyse sind 2 völlig verschiedene Anlagegebiete zuzuordnen:

Adenohypophyse (Vorderlappen)
aus der RATHKE'schen Tasche

Neurohypophyse (Hinterlappen)
aus einer Ausstülpung des Zwischenhirns.

Am Dach der <u>ektodermalen</u> Mundbucht liegt eine kleine Bucht, die

Hypophysentasche oder RATHKE'sche Tasche,

(Abb. 131) Kurz vor der Membrana bucco-pharyngica. Diese Bucht vertieft sich und wächst als Hypophysensäckchen zur Hirnanlage hin. Die Verbindung zum Munddach ist der "Hypophysenstiel", der durch den DUCTUS CRANIOPHARYNGICUS zur Hirnanlage zieht und meist völlig rückgebildet wird. Das Hypophysensäckchen liegt dann am Boden des Zwischenhirns und wird dort zur ADENOHYPOPHYSE. Gelegentlich bleiben Reste des Hypophysenstiels erhalten und bilden eine RACHENDACHHYPOPHYSE im Gebiet des Keilbeins.

Die NEUROHYPOPHYSE ist zwar auch ektodermaler Herkunft, aber auf dem Umweg über das Neuralrohr und die Zwischenhirnanlage entstanden. Sie ist als ein vorgelagerter Zwischenhirnteil aufzufassen.

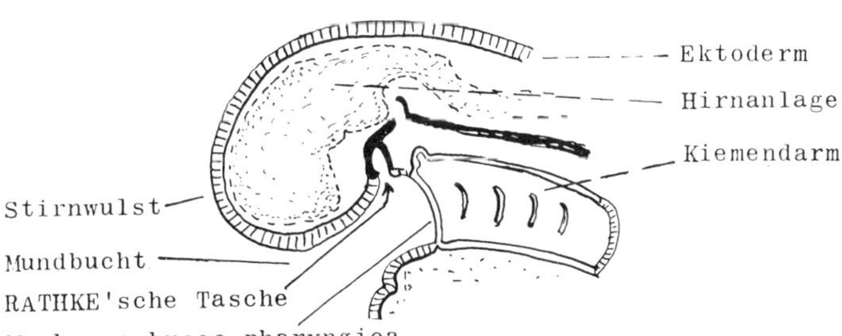

Abb. 131: Anlagegebiet der Hypophyse

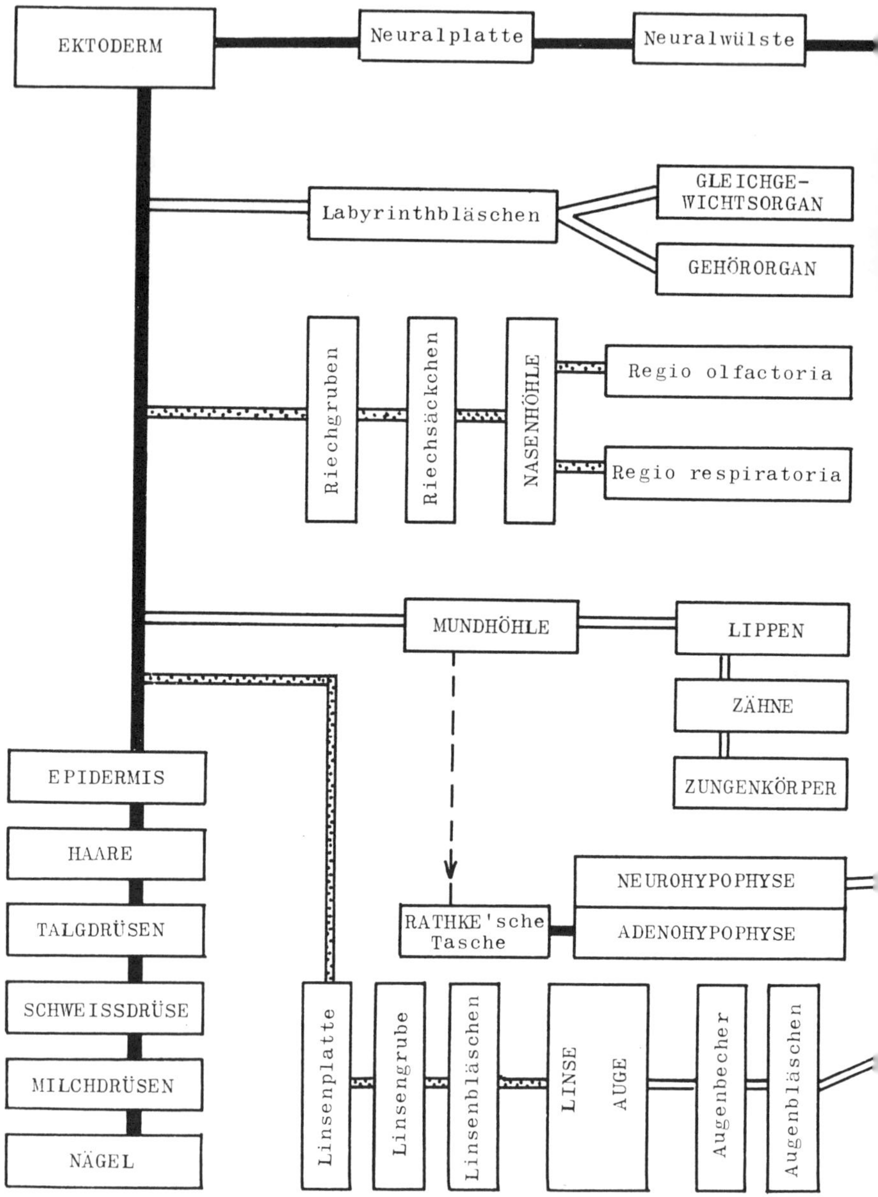
EKTODERM
Neuralplatte
Neuralwülste
Labyrinthbläschen
GLEICHGE-
WICHTSORGAN
GEHÖRORGAN
Riechgruben
Riechsäckchen
NASENHÖHLE
Regio olfactoria
Regio respiratoria
MUNDHÖHLE
LIPPEN
ZÄHNE
ZUNGENKÖRPER
EPIDERMIS
HAARE
TALGDRÜSEN
SCHWEISSDRÜSE
MILCHDRÜSEN
NÄGEL
NEUROHYPOPHYSE
RATHKE'sche
Tasche
ADENOHYPOPHYSE
Linsenplatte
Linsengrube
Linsenbläschen
LINSE
AUGE
Augenbecher
Augenbläschen

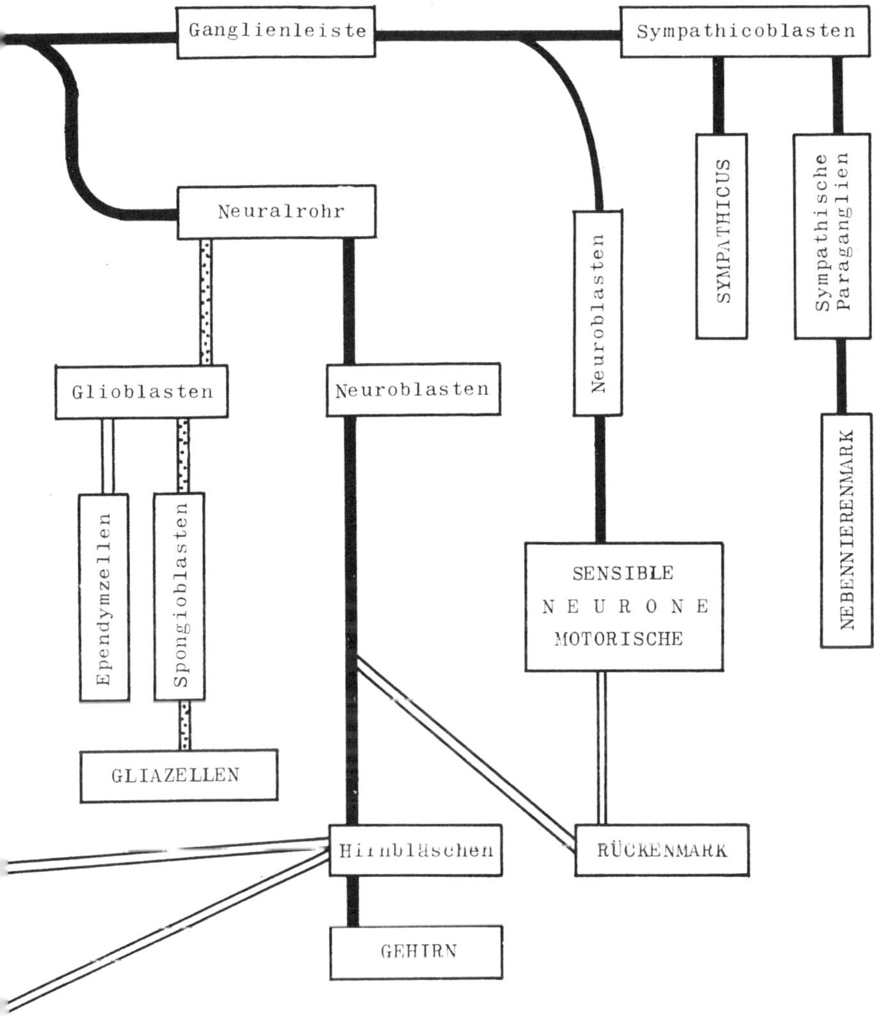

ÜBERSICHT über die Ektodermbildungen.

Anhang:

GRÖSSENBESTIMMUNG von FÖTEN

Gelegentlich ist es in der Geburtshilfe und Gynäkologie von großer Bedeutung, das Alter vorzeitig abgestoßener Embryonen oder Föten (Fehlgeburten, bzw. Aborte) zu bestimmen. Ein relativ brauchbares Maß ist hierfür die Längenbestimmung nach der

AHLFELD-HAASE-schen Regel:

Beachte: Diese Regel läßt sich sehr leicht merken, wenn man sich einprägt, daß bis zum

- 5. Monat die Monatszahlen quadriert,
- ab 6. Monat die Monatszahlen mit 5 multipliziert

werden. Als Monat gilt in der Embryologie und Geburtshilfe grundsätzlich die Zeit von 4 Wochen = 28 Tage (sog. Lunarmonat) als Äquivalent der normalen Cyklusdauer. - Im 1. Monat ist die Embryolänge nicht korrekt 1 cm, sondern man rechnet in dieser Zeit als Ausnahme die Größe des gesamten Chorions mit Embryo.

1. Monat	=	1 x 1	= 1 cm
2. " "	=	2 x 2	= 4 cm
3. " "	=	3 x 3	= 9 cm
4. " "	=	4 x 4	= 16 cm
5. " "	=	5 x 5	= 25 cm
6. " "	=	6 x 5	= 30 cm
7. " "	=	7 x 5	= 35 cm
8. " "	=	8 x 5	= 40 cm
9. " "	=	9 x 5	= 45 cm
10. " "	=	10 x 5	= 50 cm

REIFEZEICHEN EINES NEUGEBORENEN

Unter einem "reifen Neugeborenen" versteht man ein Kind, das die folgenden Merkmale aufweist (wobei möglichst alle Zeichen vorhanden sein sollen):

- Gewicht: 3000 - 3500 g
- Länge: 49 - 52 cm (wichtigstes Zeichen !)
- Nägel: überragen die Finger- und Zehenkuppen
- Lanugohaare: höchstens Reste am Rücken
- Kopfhaare: scharfe Stirn-Haargrenze vorhanden
- Hoden (Knaben): Descensus vollendet (Testes im Skrotum)
- Labien (Mädchen): Die großen Labien überdecken die kleinen.

Sachverzeichnis

E

LITERATURANGABEN: (Sammelwerke)

Blechschmidt, E.: Die vorgeburtlichen Entwicklungsstadien des Menschen
S. Karger, Basel-New York, 1961

Boenig, H.: Leitfaden der Entwicklungsgeschichte des Menschen
5. Auflage, G. Thieme, Leipzig

Broman, J.: Die Entwicklung des Menschen vor der Geburt
Bergmann, München, 1927

Clara, M.: Entwicklungsgeschichte des Menschen
5. Auflage, G. Thieme, Leipzig 1955

Fischel, A.: Lehrbuch der Entwicklung des Menschen
Berlin 1929

Grosser, O. und G. Politzer: Grundriß der Entwicklungsgeschichte des Menschen
2. Auflage, Münche

Hertwig, O.: Lehrbuch der Entwicklungsgeschichte des Menschen und der Wirbeltiere
8. Auflage, Fischer, Jena 1906

Keibel-Mall: Handb. d. Entwicklungsgeschichte des Menschen.
Leipzig 1910/1911

Kölliker, A.: Entwicklungsgeschichte des Menschen und der Wirbeltiere
2. Auflage, Leipzig 1884

Rohr, K.: Das menschliche Knochenmark
2. Auflage, Thieme, Stuttgart 1949

Zeitschriftenliteratur beim Verfasser